计算机基础与实训教材系列

中文版 PowerPoint 2013 幻灯片制作实用教程

张胜波　刘国成　编著

清华大学出版社

北　京

内 容 简 介

本书由浅入深、循序渐进地介绍了 Microsoft 公司最新推出的幻灯片制作软件——中文版 PowerPoint 2013 的操作方法和使用技巧。全书共分 13 章,分别介绍了 PowerPoint 2013 基础入门,创建演示文稿和幻灯片,设置文本和段落样式,使用与设置图片样式,美化幻灯片显示效果,应用与设计图形对象,使用与设置表格样式,插入与编辑图表样式,PowerPoint 的多媒体应用,幻灯片动画效果的设置,创建与编辑幻灯片超链接,演示文稿的放映与审阅以及演示文稿的打印与输出等。

本书内容丰富、结构清晰、语言简练、图文并茂,具有很强的实用性和可操作性,是一本适合于高等院校、职业学校及各类社会培训学校的优秀教材,也是广大初、中级电脑用户的自学参考书。

本书对应的电子教案、实例源文件和习题答案可以到 http://www.tupwk.com.cn/edu 网站下载。

图书在版编目(CIP)数据

中文版 PowerPoint 2013 幻灯片制作实用教程/张胜波,刘国成 编著. —北京:清华大学出版社,2015(2020.9 重印)
(计算机基础与实训教材系列)
ISBN 978-7-302-41961-7

Ⅰ. ①中… Ⅱ. ①张… ②刘… Ⅲ. ①图形软件—教材 Ⅳ. ①TP391.41

中国版本图书馆 CIP 数据核字(2015)第 257176 号

责任编辑:胡辰浩 袁建华
装帧设计:孔祥峰
责任校对:成凤进
责任印制:宋 林

出版发行:清华大学出版社   地 址:北京清华大学学研大厦 A 座
         http://www.tup.com.cn   邮 编:100084
         社 总 机:010-62770175   邮 购:010-62786544
         投稿与读者服务:010-62776969,c-service@tup.tsinghua.edu.cn
         质 量 反 馈:010-62772015,zhiliang@tup.tsinghua.edu.cn

印 装 者:北京建宏印刷有限公司
经 销:全国新华书店
开 本:190mm×260mm   印 张:19.25   字 数:505 千字
版 次:2015 年 11 月第 1 版   印 次:2020 年 9 月第 2 次印刷
印 数:3501~3700
定 价:68.00 元

产品编号:051862-02

编审委员会

丛书序

　　计算机已经广泛应用于现代社会的各个领域，熟练使用计算机已经成为人们必备的技能之一。因此，如何快速地掌握计算机知识和使用技术，并应用于现实生活和实际工作中，已成为新世纪人才迫切需要解决的问题。

　　为适应这种需求，各类高等院校、高职高专、中职中专、培训学校都开设了计算机专业的课程，同时也将非计算机专业学生的计算机知识和技能教育纳入教学计划，并陆续出台了相应的教学大纲。基于以上因素，清华大学出版社组织一线教学精英编写了这套"计算机基础与实训教材系列"丛书，以满足大中专院校、职业院校及各类社会培训学校的教学需要。

一、丛书书目

　　本套教材涵盖了计算机各个应用领域，包括计算机硬件知识、操作系统、数据库、编程语言、文字录入和排版、办公软件、计算机网络、图形图像、三维动画、网页制作以及多媒体制作等。众多的图书品种可以满足各类院校相关课程设置的需要。

　　◉　已出版的图书书目

《计算机基础实用教程（第三版）》	《Excel 财务会计实战应用（第四版）》
《计算机基础实用教程（Windows 7+Office 2010 版）》	《C♯程序设计实用教程》
《电脑入门实用教程（第三版）》	《中文版 Office 2007 实用教程》
《电脑入门实用教程（Windows 7+Office 2010）》	《中文版 Word 2007 文档处理实用教程》
《电脑办公自动化实用教程（第三版）》	《中文版 Excel 2007 电子表格实用教程》
《计算机组装与维护实用教程（第三版）》	《中文版 PowerPoint 2007 幻灯片制作实用教程》
《中文版 Word 2003 文档处理实用教程》	《中文版 Access 2007 数据库应用实例教程》
《中文版 PowerPoint 2003 幻灯片制作实用教程》	《中文版 Project 2007 实用教程》
《中文版 Excel 2003 电子表格实用教程》	《中文版 Office 2010 实用教程》
《中文版 Access 2003 数据库应用实用教程》	《Word+Excel+PowerPoint 2010 实用教程》
《中文版 Project 2003 实用教程》	《中文版 Word 2010 文档处理实用教程》
《中文版 Office 2003 实用教程》	《中文版 Excel 2010 电子表格实用教程》
《网页设计与制作（Dreamweaver+Flash+Photoshop）》	《中文版 PowerPoint 2010 幻灯片制作实用教程》
《ASP.NET 4.0 动态网站开发实用教程》	《Access 2010 数据库应用基础教程》
《ASP.NET 4.5 动态网站开发实用教程》	《中文版 Access 2010 数据库应用实用教程》
《Excel 财务会计实战应用（第三版）》	《中文版 Project 2010 实用教程》

《AutoCAD 2014 中文版基础教程》	《中文版 Photoshop CC 图像处理实用教程》
《中文版 AutoCAD 2014 实用教程》	《中文版 Flash CC 动画制作实用教程》
《AutoCAD 2015 中文版基础教程》	《中文版 Dreamweaver CC 网页制作实用教程》
《中文版 AutoCAD 2015 实用教程》	《中文版 InDesign CC 实用教程》
《AutoCAD 2016 中文版基础教程》	《中文版 CorelDRAW X7 平面设计实用教程》
《中文版 AutoCAD 2016 实用教程》	《中文版 Office 2013 实用教程》
《中文版 Photoshop CS6 图像处理实用教程》	《Office 2013 办公软件实用教程》
《中文版 Dreamweaver CS6 网页制作实用教程》	《中文版 Word 2013 文档处理实用教程》
《中文版 Flash CS6 动画制作实用教程》	《中文版 Excel 2013 电子表格实用教程》
《中文版 Illustrator CS6 平面设计实用教程》	《中文版 PowerPoint 2013 幻灯片制作实用教程》
《中文版 InDesign CS6 实用教程》	《Access 2013 数据库应用基础教程》
《中文版 CorelDRAW X6 平面设计实用教程》	《中文版 Access 2013 数据库应用实用教程》
《中文版 Premiere Pro CS6 多媒体制作实用教程》	《SQL Server 2008 数据库应用实用教程》
《中文版 Premiere Pro CC 视频编辑实例教程》	《Windows 8 实用教程》
《Mastercam X6 实用教程》	《计算机网络技术实用教程》
《多媒体技术及应用》	

二、丛书特色

1. 选题新颖，策划周全——为计算机教学量身打造

本套丛书注重理论知识与实践操作的紧密结合，同时突出上机操作环节。丛书作者均为各大院校的教学专家和业界精英，他们熟悉教学内容的编排，深谙学生的需求和接受能力，并将这种教学理念充分融入本套教材的编写中。

本套丛书全面贯彻"理论→实例→上机→习题"4 阶段教学模式，在内容选择、结构安排上更加符合读者的认知习惯，从而达到老师易教、学生易学的目的。

2. 教学结构科学合理、循序渐进——完全掌握"教学"与"自学"两种模式

本套丛书完全以大中专院校、职业院校及各类社会培训学校的教学需要为出发点，紧密结合学科的教学特点，由浅入深地安排章节内容，循序渐进地完成各种复杂知识的讲解，使学生能够一学就会、即学即用。

对教师而言，本套丛书根据实际教学情况安排好课时，提前组织好课前备课内容，使课堂

教学过程更加条理化，同时方便学生学习，让学生在学习完后有例可学、有题可练；对自学者而言，可以按照本书的章节安排逐步学习。

3. 内容丰富，学习目标明确——全面提升"知识"与"能力"

本套丛书内容丰富，信息量大，章节结构完全按照教学大纲的要求来安排，并细化了每一章内容，符合教学需要和计算机用户的学习习惯。在每章的开始，列出了学习目标和本章重点，便于教师和学生提纲挈领地掌握本章知识点，每章的最后还附带有上机练习和习题两部分内容，教师可以参照上机练习，实时指导学生进行上机操作，使学生及时巩固所学的知识。自学者也可以按照上机练习内容进行自我训练，快速掌握相关知识。

4. 实例精彩实用，讲解细致透彻——全方位解决实际遇到的问题

本套丛书精心安排了大量实例讲解，每个实例解决一个问题或是介绍一项技巧，以便读者在最短的时间内掌握计算机应用的操作方法，从而能够顺利解决实践工作中的问题。

范例讲解语言通俗易懂，通过添加大量的"提示"和"知识点"的方式突出重要知识点，以便加深读者对关键技术和理论知识的印象，使读者轻松领悟每一个范例的精髓所在，提高读者的思考能力和分析能力，同时也加强了读者的综合应用能力。

5. 版式简洁大方，排版紧凑，标注清晰明确——打造一个轻松阅读的环境

本套丛书的版式简洁、大方，合理安排图与文字的占用空间，对于标题、正文、提示和知识点等都设计了醒目的字体符号，读者阅读起来会感到轻松愉快。

三、读者定位

本丛书为所有从事计算机教学的老师和自学人员而编写，是一套适合于大中专院校、职业院校及各类社会培训学校的优秀教材，也可作为计算机初、中级用户和计算机爱好者学习计算机知识的自学参考书。

四、周到体贴的售后服务

为了方便教学，本套丛书提供精心制作的 PowerPoint 教学课件(即电子教案)、素材、源文件、习题答案等相关内容，可在网站上免费下载，也可发送电子邮件至 wkservice@vip.163.com 索取。

此外，如果读者在使用本系列图书的过程中遇到疑惑或困难，可以在丛书支持网站(http://www.tupwk.com.cn/edu)的互动论坛上留言，本丛书的作者或技术编辑会及时提供相应的技术支持。咨询电话：010-62796045。

PowerPoint 2013 是 Microsoft 公司推出的 Office 2013 办公套装软件中的一个重要组成部分，也是最为常用的多媒体演示软件之一。利用 PowerPoint 2013 不仅可以制作出图文并茂，表现力和感染力极强的演示文稿，还可以在计算机屏幕、幻灯片、投影仪或 Internet 上发布。

本书从教学实际需求出发，合理安排知识结构，从零开始、由浅入深、循序渐进地讲解 PowerPoint 2013 的基本知识和使用方法。本书共分为 13 章，主要内容如下。

第 1 章介绍了 PowerPoint 2013 的基础知识，包括软件的启动与退出、工作界面和视图模式以及工作环境等。

第 2 章介绍了使用 PowerPoint 2013 创建演示文稿和幻灯片的方法与技巧。

第 3 章介绍了在 PowerPoint 2013 中设置幻灯片文本和段落样式的方法与技巧。

第 4 章介绍了在幻灯片中使用与设置图片样式的方法与技巧。

第 5 章介绍了使用 PowerPoint 2013 美化幻灯片显示效果的方法与技巧。

第 6 章介绍了在 PowerPoint 2013 中应用与设计图形对象的方法与技巧。

第 7 章介绍了在幻灯片中使用与设置表格样式的方法与技巧。

第 8 章介绍了在幻灯片中插入与编辑图表样式的方法与技巧。

第 9 章介绍了在 PowerPoint 2013 中应用多媒体资源的方法与技巧。

第 10 章介绍了使用 PowerPoint 2013 设置幻灯片动画效果的方法与技巧。

第 11 章介绍了使用 PowerPoint 2013 创建与编辑幻灯片超链接的方法与技巧。

第 12 章介绍了使用 PowerPoint 2013 放映与审阅演示文稿的方法与技巧。

第 13 章介绍了使用 PowerPoint 2013 打印与输出演示文稿的方法与技巧。

本书图文并茂、条理清晰、通俗易懂、内容丰富，在讲解每个知识点时都配有相应的实例，方便读者上机实践。同时在难于理解和掌握的部分内容上给出相关提示，让读者能够快速地提高操作技能。此外，本书配有大量综合实例和练习，让读者在不断的实际操作中更加牢固地掌握书中讲解的内容。

为了方便老师教学，我们免费提供本书对应的电子教案、实例源文件和习题答案，您可以到 http://www.tupwk.com.cn/edu 网站的相关页面上进行下载。

本书分为 13 章，其中四川理工学院的张胜波编写了 1～5 章，吉林工程技术师范学院的刘国成编写了 6～13 章。另外，参加本书编写的人员还有陈笑、曹小震、高娟妮、李亮辉、洪妍、孔祥亮、陈跃华、杜思明、熊晓磊、曹汉鸣、陶晓云、王通、方峻、李小凤、曹晓松、蒋晓冬、邱培强等人。由于作者水平所限，本书难免有不足之处，欢迎广大读者批评指正。我们的邮箱是 huchenhao@263.net，电话是 010-62796045。

作 者

2015 年 8 月

推荐课时安排

计算机基础与实训教材系列

章 名	重点掌握内容	教学课时
第 1 章 PowerPoint 2013 基础入门	1. 演示文稿和幻灯片的关系 2. PowerPoint 的应用领域和演示场合 3. PowerPoint 2013 的启动和退出 4. PowerPoint 2013 的工作界面和视图模式 5. 自定义 PowerPoint 2013 的工作环境	3 学时
第 2 章 创建演示文稿和幻灯片	1. 新建演示文稿 2. 保存演示文稿 3. 幻灯片的基本操作 4. 使用节管理幻灯片	2 学时
第 3 章 设置文本和段落样式	1. 在幻灯片中使用占位符 2. 在幻灯片中使用文本框 3. 在幻灯片中输入与编辑文本 4. 设置幻灯片中的文本格式	3 学时
第 4 章 使用与设置图片样式	1. 在幻灯片中插入联机图片 2. 在幻灯片中插入来自文件的图片 3. 设置图片格式	2 学时
第 5 章 美化幻灯片显示效果	1. 认识母版 2. 设置幻灯片母版 3. 制作讲义母版 4. 制作备注母版	3 学时
第 6 章 应用与设计图形对象	1. 创建与设计 SmartArt 图形 2. 在幻灯片中创建图形 3. 形状格式	3 学时
第 7 章 使用与设置表格样式	1. 在幻灯片中快速插入表格 2. 通过手动的方式绘制表格 3. 在表格中输入文本 4. 编辑幻灯片中的表格 5. 设置表格效果	2 学时

(续表)

章　名	重点掌握内容	教 学 课 时
第8章 插入与编辑图表样式	1. 在幻灯片中插入图表 2. 设置图表的类型 3. 设置图表的属性 4. 添加运算图表和数据标签 5. 设置图表的格式	2学时
第9章 PowerPoint 的多媒体应用	1. 在演示文稿中插入声音 2. 控制声音的播放效果 3. 在演示文稿中插入影片 4. 设置影片的观看效果	2学时
第10章 幻灯片动画效果的设置	1. 设置幻灯片切换动画 2. 为对象添加动画效果 3. 设置动画触发器 4. 设置动画计时选项	2学时
第11章 创建与编辑幻灯片超链接	1. 在幻灯片中插入和删除超链接 2. 在幻灯片中添加动作按钮 3. 设置链接到指定的对象 4. 更改与设置幻灯片中的超链接	2学时
第12章 演示文稿的放映与审阅	1. 设置幻灯片放映时间 2. 设置幻灯片放映方式 3. 幻灯片缩略图放映 4. 开始放映幻灯片 5. 设置审阅演示文稿	2学时
第13章 演示文稿的打印与输出	1. 设置幻灯片打印页面 2. 演示文稿打印预览 3. 选择文件输出形式 4. 打包演示文稿 5. 发布幻灯片	2学时

注：1. 教学课时安排仅供参考，授课教师可根据情况作调整。

　　2. 建议每章安排与教学课时相同时间的上机练习。

目录

计算机
基础与实训教材系列

计算机 基础与实训教材系列

第1章

PowerPoint 2013基础入门

学习目标

　　PowerPoint 是现如今商务办公中必不可少的重要工具，广泛应用于各种会议、教学和产品展示等方面。能够熟练运用 PowerPoint 软件已经成为现代化人才的基本要求。本章将主要介绍 PowerPoint 2013 软件的基础入门知识，包括该软件的应用领域、演示场合、工作界面、视图模式、自定义设置以及制作优秀PPT 的流程和技巧等。

本章重点

- ◉ 演示文稿和幻灯片的关系
- ◉ PowerPoint 的应用领域和演示场合
- ◉ PowerPoint 2013 的启动和退出
- ◉ PowerPoint 2013 的工作界面和视图模式
- ◉ 自定义 PowerPoint 2013 的工作环境
- ◉ 优秀PPT 的设计流程和色彩搭配

1.1 走近 PowerPoint 2013

　　PowerPoint 2013是微软公司推出的一款功能强大的专业幻灯片编辑制作软件，该软件与Word、Excel等常用办公软件一样，是Office办公软件系列中的一个重要组成部分，深受各行各业办公人员的青睐。

1.1.1 认识演示文稿和幻灯片

　　演示文稿由"演示"和"文稿"两个词语组成，其实这已经很好地表达了它的作用，也就是用于演示某种效果而制作的文档，主要用于会议、产品展示和教学课件等领域。演示文稿可以很好地拉近演示者和观众之间的距离，让观众更容易接受演示者的观点。如图 1-1 所示为演讲者制作的小米手机宣传演示文稿，其中单独的一张内容就是幻灯片。这样就可以得出，一个演示文稿是由许多张幻灯片组成的。

单独显示一张幻灯片　　　　　　　　　　　　多张幻灯片组成演示文稿

图 1-1　制作完成的演示文稿

提示

利用 PowerPoint 制作出来的文件叫做演示文稿，它是一个文件。而演示文稿中的每一页叫做幻灯片，每张幻灯片都是演示文稿中既相互独立又相互联系的内容。

①.1.2　PowerPoint 的应用领域

PowerPoint 通常用于大型环境下的多媒体演示，可以在演示过程中插入声音、视频、动画等多媒体资料，使内容更加直观、形象，更具说服力。目前 PowerPoint 主要有以下三大用途。

1. 商业演示

最初开发 PowerPoint 软件的目的就是为各种商业活动提供一个内容丰富的多媒体产品或服务演示的平台，帮助销售人员向最终用户演示产品或服务的优越性，如图 1-2 所示。

图 1-2　多媒体商业演示

PowerPoint 用于决策/提案时，设计要体现简洁与专业性，避免大量文字段落的涌现，多采用

SmartArt 图示、图表加以说明。

2. 交流演示

PowerPoint 演示文稿是宣讲者的演讲辅助手段，以交流为用途，被广泛用于培训、研讨会、产品发布等领域，如图 1-3 所示。

图 1-3　多媒体交流演示

大部分信息通过宣讲人演讲的方式传递，PowerPoint 演示文稿中出现的内容信息不多，文字段落篇幅较小，常以标题形式出现，作为总结概括。每个页面单独停留时间较长，观众有充足时间阅读完页面上的每个信息点。

3. 娱乐演示

由于 PowerPoint 支持文本、图像、动画、音频和视频等多种媒体内容的集成，因此，很多用户都使用 PowerPoint 来制作各种娱乐性质的演示文稿，如手工剪纸集、相册等。如图 1-4 所示，通过 PowerPoint 的丰富表现功能来展示多媒体娱乐内容。

图 1-4　多媒体娱乐演示

①.1.3　PowerPoint 的演示场合

对于同样内容的 PowerPoint 演示文稿，在不同场合下，需要调整为不同的设计思路以适应场合的需求。一般情况下，在大型场合下，必须考虑 PowerPoint 演示文稿中的内容是否能够完整呈现，在视觉传达上要尽量照顾到在场的绝大多数观众。而在小型场合下，如会议室、培训教室等，由于观众人数不多，对演示文稿的限制就相对少一些。

1. 大型演示场合

大型场合的观众人数为数十或数百，常见于大型报告厅、展厅等，如图 1-5 所示。在大型场合中放映多媒体，首先要考虑的就是，如何确定 PowerPoint 演示文稿的内容是否能够准确无误地传递给每一位观众。

图 1-5　大型演示场合

一般情况下，基于大型场合演示的 PowerPoint，在设计思路上应该充分体现以下内容。

- ◉　去除过于啰嗦的文字，尽可能以关键词或关键句代替段落。因为，大场合的观众人多，他们的注意力很难持续集中。
- ◉　多使用图片代替文字，避免引起观众视觉的疲劳。图片的优势在于色彩的表现，能够吸引视线，一副精心挑选的图片胜过用文字去描述。

2. 小型演示场合

小型场合的观众人数通常在 300 个以内，常见于会议室、教室等，如图 1-6 所示。在小型场合中，观众注意力比较集中，即使在有人宣讲的情况下，PowerPoint 放映也会成为焦点，观众有条件阅读到 PowerPoint 演示文稿中的每一个细节。

图 1-6　小型演示场合

小型场合的设计思路体现以下内容。

◉ 简洁、有效地传递信息。在小型场合中，观众的注意力主要集中在演示内容上，如果 PowerPoint 设计的表现形式过于花哨，会分散观众注意力。

◉ 尽可能选择图示化的表达方式。使用 PowerPoint 自带的图示，如箭头、指示和拓扑图等，通过设计来阐述文本内容，能够将复杂的概念、流程和框架非常直观地表达出来，使观众一目了然。

1.2　认识 PowerPoint 2013

在一般情况下，用户只要在电脑中安装 Office 2013，PowerPoint 2013 就会被默认安装。在使用 PowerPoint 2013 之前，首先需要了解该软件的启动与退出方法，并认识软件的工作界面和视图模式。

1.2.1　启动 PowerPoint 2013

与普通的 Windows 应用程序类似，用户可以使用多种方式启动 PowerPoint 2013，如常规启动、通过桌面快捷方式启动、通过 Windows 7 任务栏启动和通过现有演示文稿启动等。

◉ 常规启动：单击【开始】按钮，在弹出的菜单中选择【所有程序】| Microsoft Office 2013 | Microsoft PowerPoint 2013 命令即可，如图 1-7 所示。

◉ 通过桌面快捷方式启动：双击桌面上的 Microsoft PowerPoint 2013 快捷图标，如图 1-8 所示。

图 1-7　常规启动

图 1-8　桌面快捷图标

◉ 通过 Windows 7 任务栏启动：在将 PowerPoint 2013 锁定到任务栏之后，单击任务栏中的 Microsoft PowerPoint 2013 图标按钮。

◉ 通过现有演示文稿启动：找到已经创建的演示文稿，然后双击该文件图标。

知识点

右击【开始】菜单中的 Microsoft PowerPoint 2013 菜单选项，从弹出的菜单中选择【锁定到任务栏】命令，此时 Windows 就会将 Microsoft PowerPoint 2013 锁定到任务栏中；从弹出的菜单中选择【发送到】|【桌面快捷方式】命令，可以为 PowerPoint 2013 创建位于 Windows 7 桌面的快捷方式。

①.2.2 PowerPoint 2013 的工作界面

PowerPoint 2013 采用了新颖的工作界面，与 Office 2013 系列软件的界面风格一致，相比之前版本，PowerPoint 2013 的界面更加整齐而简洁，也更便于操作。启动 PowerPoint 2013 软件后，其工作界面主要由【文件】按钮、快速访问工具栏、标题栏、功能区、幻灯片浏览窗格、幻灯片编辑窗口、备注窗格和状态栏等部分组成，如图 1-9 所示。

图 1-9 PowerPoint 2013 工作界面

1. 【文件】按钮

【文件】按钮位于 PowerPoint 2013 工作界面的左上角，单击该按钮将弹出快捷菜单，如图 1-10 所示。可以执行新建、打开、保存和打印等操作(从图 1-10 中可以看到，左侧列出了【新建】、【打开】、【保存】、【另存为】、【打印】、【共享】等命令菜单，右侧列出了最近使用的演示文稿列表)。

2. 快速访问工具栏

快速访问工具栏位于 PowerPoint 2013 标题栏界面顶部，使用它可以快速访问频繁使用的命令，如保存、撤销、重复等。

如果在快速访问工具栏中添加其他按钮，可以单击其后的【自定义快速访问工具栏】按钮，在弹出的下拉菜单中选择所需的按钮命令即可。在其中选择【在功能区下方显示】命令，可将快速访问工具栏调整到功能区下方，如图 1-11 所示。

图 1-10　【文件】菜单

图 1-11　自定义快速访问工具栏

3. 标题栏

标题栏位于 PowerPoint 2013 工作界面的右上侧，如图 1-12 所示。它显示了演示文稿的名称和程序名，最右侧的 3 个按钮分别用于对窗口执行最小化、最大化和关闭操作。

图 1-12　PowerPoint 2013 标题栏

4. 功能区

功能选项卡和功能区将 PowerPoint 2013 的所有命令集成在几个功能选项卡中。打开选项卡可以切换到相应的选项区域，在其中选择许多自动适应窗口大小的工具栏，不同的工具栏中又放置了与其相关的命令按钮或列表框。如图 1-13 所示的是功能区中的【开始】选项卡。

图 1-13　PowerPoint 2013 功能区

从图 1-13 中可以看出，在 PowerPoint 的功能区中，包含【插入】、【设计】、【切换】、

计算机 基础与实训教材系列

【动画】、【幻灯片放映】、【审阅】、【视图】和【加载项】等选项卡。用户可以在其中找到常用的工具按钮，这大大节约了在以前版本中寻找命令时所耗费的时间。

5. 幻灯片浏览窗格

幻灯片浏览窗格用于显示演示文稿的幻灯片数量及位置，通过它可更加方便地掌握演示文稿的结构。在幻灯片浏览窗格中选择不同的幻灯片可在幻灯片编辑窗口中显示其具体内容，如图 1-14 所示。

图 1-14　在幻灯片浏览窗格切换幻灯片

6. 幻灯片编辑窗口

幻灯片编辑窗口是编辑幻灯片内容的场所，是演示文稿的核心部分。在该区域中可对幻灯片内容进行编辑、查看和添加对象等操作。如图 1-15 所示的是含有多张幻灯片的幻灯片编辑窗口，窗口右侧将多一个滚动条，单击▲或▲按钮，可以切换至上一张幻灯片，单击▼或▼按钮，可以切换至下一张幻灯片。

图 1-15　在幻灯片编辑窗口切换幻灯片

7. 备注窗格

备注窗格位于幻灯片窗格下方，主要用于添加提示内容及注释信息的区域，如图 1-16 所示。

它可以为幻灯片添加说明,以使演讲者能够更好地讲解幻灯片中展示的内容。

图 1-16　添加幻灯片备注信息

8. 状态栏

状态栏位于界面的最底端,如图 1-17 所示。它不起任何编辑作用,主要用于显示当前演示文稿的常用参数及工作状态,如整个文稿的总页数、当前正在编辑的幻灯片的编号以及该演示文稿所用的设计模板名称等。状态栏的右侧为【快捷按钮和显示比例滑杆】区域,拖动幻灯片显示比例栏中的滑块或单击█、█按钮,可以控制幻灯片在整个编辑区的视图比例,单击右侧的【使幻灯片适应当前窗口】按钮█,可按当前窗口大小自动调整幻灯片的显示比例,使当前窗口中可以看到幻灯片的全局效果,且为最大显示比例。

图 1-17　PowerPoint 2013 状态栏

①.2.3　PowerPoint 2013 的视图模式

为了满足用户不同的需求,PowerPoint 2013 提供了多种视图模式以编辑、查看幻灯片。打开【视图】选项卡,在【演示文稿视图】组中单击相应的视图按钮,或者在状态栏中单击视图按钮,即可将当前操作界面切换至对应的视图模式。

1. 普通视图

普通视图又可以分为两种形式,主要区别在于 PowerPoint 工作界面最左边的预览窗口,分为幻灯片和大纲两种形式显示。如图 1-18 和图 1-19 分别为幻灯片和大纲形式的普通视图。

普通视图中主要包含 3 种窗格:幻灯片预览窗格(或大纲窗口)、幻灯片编辑窗格和备注窗格。用户拖动各个窗格的边框即可调整窗口的显示大小。

幻灯片预览窗格　　　　　幻灯片编辑窗格　　　　大纲窗格　　　　　　　　　　　　　　备注窗格

图 1-18　幻灯片形式的普通视图　　　　　　　　图 1-19　大纲形式的普通视图

- 幻灯片形式：左侧的幻灯片预览窗口从上到下依次显示每一张幻灯片的缩略图，用户从中可以查看幻灯片的整体外观。当在左侧预览窗口单击幻灯片缩略图时，该张幻灯片将显示在幻灯片编辑窗口中，这时就可以向当前幻灯片中添加或修改文字、图形、图像和声音等信息。用户可以在左侧预览窗口中上下拖动幻灯片，以改变其在整个演示文稿中的位置。

- 大纲形式：主要用来显示 PowerPoint 演示文稿的文本部分，它为组织材料、编写大纲提供了一个良好的工作环境。使用大纲视图是组织和开发演示文稿内容的最好方法，因为用户在工作时可以看见屏幕上所有的标题和正文，这样就可以在幻灯片中重新安排要点，将整张幻灯片从一处移动到另一处，或者编辑标题和正文等。例如，要重排幻灯片或项目符号，只要选定要移动的幻灯片图标□或文本符号，将其拖动到新位置即可。

2. 幻灯片浏览视图

使用幻灯片浏览视图，可以在屏幕上同时看到演示文稿中的所有幻灯片，这些幻灯片以缩略图方式显示在同一窗口中，如图 1-20 所示。

图 1-20　幻灯片浏览视图

在幻灯片浏览视图中可以查看设计幻灯片的背景、配色方案或更换模板后演示文稿发生的整体变化，也可以检查各个幻灯片是否前后协调、图标的位置是否合适等问题。

 知识点

　　在幻灯片缩略图的左下角显示了一个 ⭐ 标志，单击该标志即可预览幻灯片的动画效果。当没有为幻灯片添加动画效果时，则不显示该标志。幻灯片右下角显示的是当前幻灯片的编号，也是当前演示文稿中幻灯片的播放顺序。

3. 备注页视图

在备注页视图模式下，用户可以方便地添加和更改备注信息，也可以添加图形等信息，如图1-21 所示。

　　　　　　　　备注信息

图 1-21　备注页视图

4. 幻灯片放映视图

幻灯片放映视图是演示文稿的最终效果。在幻灯片放映模式下，用户可以看到幻灯片的最终效果，包括演示文稿的动画，声音以及切换等效果，如图 1-22 所示。幻灯片放映视图并不是显示单个的静止的画面，而是以动态的形式显示演示文稿中的各个幻灯片。当在演示文稿中创建完某一张幻灯片时，就可以利用该视图模式来检查，从而对不满意的地方进行及时修改。

图 1-22　幻灯片放映视图

计算机 基础与实训教材系列

知识点

按下 F5 键或者单击 🖵 按钮可以直接进入幻灯片的放映模式，按下 Shift+F5 键则可以从当前幻灯片开始向后放映；在放映过程中，按下 Esc 键退出放映。

5. 阅读视图

如果用户希望在一个设有简单控件的审阅窗口中查看演示文稿，而不想使用全屏的幻灯片放映视图，则可以在自己的计算机中使用阅读视图。如图 1-23 所示的就是阅读视图模式。

图 1-23　阅读视图

1.2.4　退出 PowerPoint 2013

当不再需要使用 PowerPoint 2013 编辑演示文稿时，就可以退出该软件。退出 PowerPoint 的方法与退出其他应用程序类似，主要有如下几种方法。

- 单击 PowerPoint 2013 标题栏上的【关闭】按钮 ×。
- 右击 PowerPoint 2013 标题栏，从弹出的快捷菜单中选择【关闭】命令，或者直接按 Alt+F4 组合键，如图 1-24 所示。
- 在 PowerPoint 2013 的工作界面中，单击快速访问工具栏上的 🗗 按钮，从弹出的菜单中选择【关闭】命令，如图 1-25 所示。

图 1-24　右击标题栏　　　　　　　　　　　　图 1-25　【文件】菜单命令

1.3　自定义 PowerPoint 工作环境

PowerPoint 2013 支持自定义快速访问工具栏、自定义功能区及设置工作界面颜色等，从而使用户能够按照自己的习惯设置工作环境，并在制作演示文稿时更加得心应手。

1.3.1　自定义快速访问工具栏

PowerPoint 2013 的快速访问工具栏包含一组独立于当前所显示的选项卡的命令。在制作演示文稿的过程中经常使用某些命令或按钮，根据实际情况可将其添加到快速访问工具栏中，以提高制作演示文稿的速度。

【例 1-1】在 PowerPoint 2013 中添加【快速预览和打印】和【从头开始录制】命令按钮到快速访问工具栏中。

(1) 单击【开始】按钮，在弹出的【开始】菜单中选择【所有程序】│Microsoft Office 2013│Microsoft PowerPoint 2013 命令，启动 PowerPoint 2013 应用程序，打开一个名为"演示文稿 1"的空白演示文稿，如图 1-26 所示。

(2) 单击快速访问工具栏右侧的【自定义快速访问工具栏】按钮 ，从弹出的快捷菜单中选择【打印预览和打印】命令，如图 1-27 所示。

图 1-26　演示文稿 1

图 1-27　自定义快速访问工具栏

(3) 此时即可将【打印预览和打印】命令按钮添加至快速访问工具栏中。

(4) 单击快速访问工具栏右侧的【自定义快速访问工具栏】按钮 ，从弹出的快捷菜单中选择【其他命令】命令，打开【PowerPoint 选项】对话框。

(5) 打开【快速访问工具栏】选项卡，在【从下列位置选择命令】下拉列表中选择【"幻灯片放映"选项卡】选项，在其下的列表框中选择【从头开始录制】选项，单击【添加】按钮，即可将该命令按钮添加到右侧的列表框中，如图 1-28 所示，单击【确定】按钮。

(6) 返回至工作界面，PowerPoint 2013 快速访问工具栏中将添加【从头开始录制】按钮 ，效果如图 1-29 所示。

图 1-28 【PowerPoint 选项】对话框

图 1-29 快速访问工具栏效果

 知识点

在【PowerPoint 选项】对话框的【快速访问工具栏】中单击【重置】按钮，从弹出的下拉菜单中选择【仅重置快速访问工具栏】命令，即可取消自定义快速访问工具栏操作，恢复到自定义之前的状态。

1.3.2 自定义 PowerPoint 功能区

PowerPoint 2013 可以添加功能区，自定义选项卡和选项组，将用户经常使用的一些特殊的命令放置在新建选项组中，以便于用户操作。

【例 1-2】新建自定义选项卡和选项组，并为选项组添加相应的命令。

(1) 启动 PowerPoint 2013 应用程序，打开一个名为"演示文稿 1"的空白演示文稿。

(2) 单击【文件】按钮，从弹出的【文件】菜单中选择【选项】选项，如图 1-30 所示，打开【PowerPoint 选项】对话框。

(3) 打开【自定义功能区】选项卡，在右侧的【自定义功能区】列表框下方单击【新建选项卡】按钮，如图 1-31 所示。

图 1-30 【文件】菜单

图 1-31 【自定义功能区】选项卡

(4) 此时，系统将自动在列表框中显示【新建选项卡(自定义)】和【新建组(自定义)】选项。

(5) 在列表框中选择【新建选项卡(自定义)】选项，单击列表框下方的【重命名】按钮。

(6) 打开【重命名】对话框，在【显示名称】文本框中输入"常用"，单击【确定】按钮，如图 1-32 所示。

(7) 返回至【自定义功能区】选项卡，在列表框中选择【新建组(自定义)】选项。

(8) 单击【重命名】按钮，在打开的对话框中选择相应的符号，在【显示名称】文本框中输入选项组的名称，单击【确定】按钮，如图 1-33 所示。

图 1-32　重命名选项卡

图 1-33　重命名选项组

(9) 单击【自定义功能区】列表框下方的【新建组】按钮，即可为自定义选项卡添加另一个新组，然后参照同样的操作为新建的组重新命名，效果如图 1-34 所示。

(10) 返回至列表框中将显示自定义的选项卡和选项组，效果如图 1-35 所示。

图 1-34　新建选项组

图 1-35　自定义选项组

(11) 在【从下列位置选择命令】列表框中选择【不在功能区中的命令】选项，在其下的列表框中选择【帮助】命令选项，单击【添加】按钮，即可将其添加到【重做(自定义)】选项组中，如图 1-36 所示。

(12) 使用同样的方法，为【返回(自定义)】和【重做(自定义)】选项组中添加命令按钮，如图 1-37 所示。

图 1-36　添加命令按钮

图 1-37　自定义其他命令按钮

(13) 单击【确定】按钮，完成所有自定义操作，此时功能区中将显示【常用】选项卡，并在其中显示【返回】和【重做】组，如图 1-38 所示。

图 1-38　自定义【常用】选项卡

 提示

要隐藏【常用】选项卡，可以打开【PowerPoint 选项】对话框，在【自定义功能区】选项卡右侧的【自定义功能区】列表框取消选中【常用(自定义)】选项前的复选框即可。若要删除该选项卡，可以在列表框中右击【常用(自定义)】选项，从弹出的快捷菜单中选择【删除】命令。

1.3.3　设置工作界面背景和主题

安装 PowerPoint 2013 软件后，其工作界面的背景和主题颜色是默认的。如果用户对其界面效果不满意，则可以自行对其进行更改。

【例 1-3】设置 PowerPoint 2013 工作界面的颜色。

(1) 启动 PowerPoint 2013 软件后，打开一个空白演示文稿。单击【文件】按钮，在弹出的菜单中选择【账户】命令，显示【账户】选项区域，如图 1-39 所示。

(2) 在【账户】选项区域中单击【Office 背景】下拉列表按钮，在弹出的下拉列表中选中【春天】选项，单击【Office 主题】下拉列表按钮，在弹出的下拉列表中选中【深灰色】选项，即可自定义 PowerPoint 2013 工作界面的背景和主题，效果如图 1-40 所示。

图 1-39　【账户】选项区域　　　　　　　图 1-40　工作界面背景和主题效果

1.3.4　显示和隐藏标尺、网格线及参考线

在 PowerPoint 2013 中可以通过显示和隐藏幻灯片的版面元素更好地设计演示文稿。例如，使用标尺、网格线和参考线定位对象。

1. 使用标尺

当用户在【视图】选项卡的【显示/隐藏】组中选中【标尺】复选框后，幻灯片中将出现如图 1-41 所示的标尺。从图中可以看出，幻灯片中的标尺分为水平标尺和垂直标尺。标尺可以让用户方便、快速地在幻灯片中放置文本或图片对象，利用标尺还可以精确地移动和对齐这些对象，以及调整文本中的缩进和制表符。

图 1-41　显示标尺

如果想要隐藏标尺，则取消选中【标尺】复选框即可，需要注意的是【标尺】功能在【幻灯片浏览】视图中不能使用。

2. 使用网格线和参考线

当在幻灯片中添加多个对象后，可以通过显示的网格线或者参考线来调整和移动多个对象之间的相对大小和位置。

打开【视图】选项卡，在【显示】组中选中【网格线】复选框，此时幻灯片中网格线的效果如图 1-42 所示；在【显示】组中选中【参考线】复选框，此时幻灯片中参考线的效果如图 1-43 所示。

图 1-42 显示网格线

图 1-43 显示参考线

1.4 如何制作优秀的 PPT

演示文稿(PPT)作为演讲者进行演说的一种重要辅助工具,其质量的好坏直接关系着演讲效果的好坏。为了制作出优秀的演示文稿，在制作之前用户应先理清幻灯片的制作流程，并掌握幻灯片的制作要领。

1.4.1 PPT 的设计流程与内容结构

在实际情况下，观众的忍耐力是有限的，不是演示的信息越多，观众就越容易记住，必须尽量使幻灯片看起来简洁、美观。下面将介绍精美演示文稿的设计流程、布局结构和内容设计等必备知识。

1. 演示文稿的设计流程

设计演示文稿是一个系统性的工程，包括前期的准备工作、收集资料、策划布局方式与配色等工序。

(1) 确定演示文稿的类型

在设计演示文稿之前，首先应确定演示文稿的类型，然后才能确立整体的设计风格。通常演示文稿可以归纳为演讲稿型(即用于多媒体交流演示)、内容展示型(即用于多媒体商业演示)和交互型(即用于多媒体娱乐演示)这 3 种。

(2) 收集相关素材和内容

在确定演示文稿的类型之后，用户就得立即着手为演示文稿收集素材内容，通常包括以下几个方面。

- ◉ 文本内容：是各种幻灯片中均包含的重要内容。收集文本内容的途径主要包括自行撰写和从他人的文章中摘录。
- ◉ 图像内容：也是演示文稿的重要组成部分，主要为背景图像和内容图像。演示文稿所使用的背景图像通常包括封面、内容和封底这 3 种，选取时应保持其之间的色调一致。尽量避免内容图像和背景图像采用相同的图像。
- ◉ 逻辑关系内容：在展示演示文稿中的内容结构时，往往需要组织一些图形来清晰地展示其内容之间的关系。
- ◉ 多媒体内容：可以准备一些多媒体内容，包括各种声音、视频等。声音可以在播放时吸引顾客注意力；视频可以以更加生动的方式展示幻灯片所讲述的内容。
- ◉ 数据内容：也是演示文稿的一种重要内容。可以插入 Excel 和 Access 等格式数据，并根据这些数据，制作数据表格和图表等内容。

📖 **知识点**

在收集演示文稿素材时，打开一个搜索引擎，初学者往往会为输入什么关键字进行搜索而发愁。其实很简单，去繁就简，只要输入简短且达意的词语或短句即可快速搜索出大量所需的图片、声音等素材。当搜索到理想的素材后，应该在计算机中分门别类建立相应文件夹，将具有相同特点的素材存放在一起，以便在制作演示文稿时方便调用。

(3) 开始制作演示文稿

制作演示文稿是演示文稿的设计与实施阶段。在该阶段，用户可先设计幻灯片母版，应用背景图像，然后根据母版创建各种样式的幻灯片，并插入内容。

2. 幻灯片的布局结构

在设计幻灯片时，应该为其应用多种布局，以排列其中的内容。

- ◉ 单一布局结构：是最简单的幻灯片布局结构，往往只单纯地应用一个占位符或内容。这种布局结构通常应用于封面、封底或内容较单一的幻灯片中，通过单个内容展示富有个性的视觉效果。
- ◉ 上下布局结构：是最常见的幻灯片布局结构，包含两个部分，即标题部分和内容部分。默认情况下，大多数都是这种结构，应用于封面、封底，也可以应用于绝大多数幻灯片中。
- ◉ 左右布局结构：是一种较为个性化的幻灯片布局结构，各部分内容以左右分列的方式排列。这种布局结构通常应用于一些中国古典风格的或突出艺术氛围的幻灯片中。在中国古典风格的左右布局幻灯片中，其内容通常以从右至左的方向显示。而对于一些突出艺术氛围的幻灯片而言，则通常以从左至右的方向显示内容。

计算机　基础与实训教材系列

⊙ 混合布局结构：混合使用上下布局和左右布局结构，用多元化的方式展示丰富的内容。

 提示

　　除了混合多种排列方式外，在处理图文混排的内容时，还可以根据图像的尺寸，设置文本的流动方式，使图文结合更加紧密。

3. 幻灯片的内容设计

在为幻灯片确立了布局版式后，接下来就可以着手为幻灯片添加内容，并设计内容的样式。幻灯片内容设计主要包括标题、文本、表格、图形和图表这几方面。

(1) 标题的设计

标题是幻灯片的纲目，其通常由简短的文本组成，以体现幻灯片的主题、概括幻灯片的主要内容。设计幻灯片的标题可以为其添加前景、背景以及各种三维效果。

(2) 内容文本的设计

幻灯片中的文本内容包括两种，即段落文本和列表文本。段落文本用于显示大量的文本内容，以表达一个完整的意思或显示由多个句子组成的句群。而列表文本主要用于显示多项并列的简短内容，通过项目符号对这些内容进行排序，多用于显示幻灯片的目录、项目等。

在排版过程中，通常需要对段落文本的段首进行差异化处理，通过段落缩进、首字放大等手法，凸显段落的分界。

(3) 表格的设计

如果需要显示大量有序的数据，则可以使用表格工具。表格是由单元格组成的，其通常包括表头和内容两大类单元格。

在设计表格时，用户既可以应用已有的主题样式，又可以重新设计表格的边框、背景以及各单元格中字体的样式，通过这些属性，将表格的表头和普通单元格区分开，使表格的数据更加清晰明了。

(4) 图形的设计

PowerPoint 幻灯片中的图形主要包括形状和 SmartArt 图示。普通形状用于显示一些复杂的结构，或展示矢量图形信息。SmartArt 是 PowerPoint 预设的形状，其可以展示一些简单的逻辑关系，并展示预置的色彩风格。

 知识点

　　在制作演示文稿的过程中，尽量少出现文字，能用图片等对象代替绝对不用文字。当观众观看长篇文字很容易产生视觉疲劳，而使用图片、声音、动画等多媒体的表现形式往往会比文字生动许多，而且观众更容易接受。

(5) 图表的设计

如果要显示表格数据的变化趋势，则还可以使用图表工具，通过图形来展示数据。在设计图表时，用户可根据数据的具体分类来选择图表所使用的主题颜色和图表的类型。

①.4.2　PPT 色彩的搭配与使用技巧

在 PowerPoint 设计时，用户需要掌握色彩的使用，以及各种类型幻灯片的风格设计。本节将通过介绍色彩的理论知识、色彩搭配等知识，拓展用户的视野，帮助用户设计出艺术化的演示文稿。

1. 色彩的理论知识

在人类的视觉对象中，色彩是其存在的、不可忽视的重要因素。实际上，色彩比形态在某种意义上更加具有视觉吸引力。一切视觉对象的存在都是由其形态的色彩与光亮度来决定的。色彩就是人类根据光的波长而总结出的抽象概念。光的波长不同，在人类肉眼中形成的色彩也不同。下面将介绍光、色彩以及色彩与人类视觉感受等方面知识。

(1) 光与光源

光是可以混合和分解的。通过对光的分解，理论上可以将绝大多数的光分解为多种色光。例如，将白色光分解，往往可以分解 3 种光，即红光、绿光和蓝光。

红光、绿光和蓝光是 3 种特殊的光，是无法被分解的光。因此，将这 3 种光称为原色光，而红、绿和蓝这 3 种颜色，被称为三原色。

除三原色外，所有的颜色都可由三原色混合而成。例如，当 3 种颜色以相同的比例混合时，则形成白色；当 3 种颜色的强度均为 0 时，则形成黑色。

(2) 色彩的属性

任何一种色彩都具备色相、饱和度和明度这 3 种基本属性。这 3 种基本属性又被称为色彩的三要素。修改这 3 种基本属性中的任意一种，都会影响原色彩其他要素的变化。

- ⊙ 色相：色相是由色彩的波长产生的属性，根据波长的长短，可以将可见光划分为 6 种基本色相，即红、橙、黄、绿、蓝和紫。如果要表现三级颜色的色彩循环结构，则需要使用到 24 色色相环，如图 1-44 所示。在 24 色色相环中，彼此相隔 12 个数位或者相隔180°的两个色相，均是互补色关系。互补色结合的色组，是对比最强的色组，会使人的视觉产生刺激性、不安定性。不同色彩能够产生一种相对冷暖的感觉，这种感觉被称为色性。冷暖感觉是基于人类长期生活积淀所产生的心理感受。例如，红黄搭配的幻灯片效果给人以热烈的感觉；蓝绿搭配的制作效果则给人以清凉的感觉。

- ⊙ 饱和度：饱和度是指色彩的鲜艳程度，又称彩度、纯度，代表了色彩的纯净程度。饱和度取决于该色中含色成分和消色成分(灰色)的比例。含色成分越大，饱和度越大；消色成分越大，饱和度越小。纯色是饱和度最高的一级。光谱中红、橙、黄、绿、蓝、紫等色光是最纯的高饱和度的光。其中，红色的饱和度最高，橙、黄、紫等饱和度较高，蓝、绿则饱和度较低。色彩的饱和度越高，则色相越明确，反之则越弱。

- ⊙ 明度：明度是指色彩的明暗程度，也称光度、深浅度，来自于光波中振幅的大小。色彩的明亮度高，则颜色越明亮，反之则越阴暗。明度通常为 0%(黑)~100%(白)来度量。明度是全部色彩都具有的属性，明度关系是指配色彩的基础。明度在三要素中具有较强的

计算机 基础与实训教材系列

独立性，其可以不带任何色相特征，仅通过黑白灰的关系单独呈现出来。在无色彩中，明度最高的颜色为白色，明度最低的颜色为黑色，中间存在着一个从亮到暗的灰色系列，如图 1-45 所示。

图 1-44　24 色色相环　　　　　　　　　　图 1-45　明度的关系

(3) 色彩与人类视觉感受

人类本身并不能从色彩上看到什么视觉或心理的感受。所谓人对色彩的感受，是人类自身在进行各种生产、生活活动时积累的各种与色彩相关的经验而造成的体验。这些经验使人在观察到某种颜色或某种色彩搭配而引起的，与这种颜色有关的物体所带来的联想。

色彩在引起联想具有印象的同时，还会引起与这些联想相关的抽象印象，如表 1-1 所示。

表 1-1　色彩引起联想

色　相	具 体 联 想	抽 象 联 想
红	太阳、火焰、血液等	喜庆、热忱、警告、革命、热情等
橙	橙子、芒果、麦子等	成熟、健康、愉快、温暖等
黄	灯光、月亮、向日葵等	辉煌、灿烂、轻快、光明、希望等
绿	草原、树叶等	生命、青春、活力、和平等
蓝	大海、天空等	平静、理智、深远、科技等
紫	丁香花、葡萄等	优雅、神秘、高贵等
黑	夜晚、煤炭、墨汁等	严肃、刚毅、信仰、恐怖等
白	雪、白云、面粉等	纯净、神圣、安静等
灰	灰尘、水泥、乌云等	平凡、谦和、中庸等

2. 色彩的搭配

在 PowerPoint 平面设计中，色彩搭配以灵活运用色彩为基础，而色彩的运用不外乎两大原则，即色彩的调和与对比。

(1) 色彩的调和

在设计演示文稿的平面画面时，往往需要确立一个核心的主色调，以该色调为基础进行色彩的选择。调和色彩的依据就是主色调，主色调越明显，则作品的协调感越强，而主色调越不明显，则作品的协调感就越弱。

色彩的调和依靠的是各种色彩因素的积累，以及色彩属性的相近。调和的方法主要包括以下几种。

- 色相近似调和：除素描作品以外，通常至少包含两个以上的色相。在设计平面时，使用的色彩在色相环上越相近，则色相越类似，甚至趋于同一种色相。以这种方式调和，通常需要借助色彩明度的差异化来形成画面层次感。

- 明度近似调和：可能使用了多种色相的颜色。可对这些色彩进行处理，使用近似的明度，以降低各种颜色的对比因素，使其调和。使用这种方式调和时，需要注意各颜色的饱和不可太高。

- 低饱和度色彩调和：饱和度较低会给人以整体偏灰暗的感觉，因此，大量应用这类色彩，在画面的色彩组合上就一定是调和的。

- 主色调比例悬殊调和：如果主色调所占比例成分有绝对的优势，则通常这幅作品的整体色彩就是较为协调和统一的，其统一的程度与主色调和其他色调之间面积的比值成正比，即比例越大，则调和的程度越高；反之，会由于色彩的激烈冲突而产生严重的对立。这种基于色调比例理论的调和，被称为主色调比例悬殊调和。

在了解了 4 种基本的调和方法后，即可根据这些调和色彩的原则，设计演示文稿中所采用的色调以及搭配的色彩。

(2) 色彩的对比

色彩的调和是决定平面设计作品稳定性的关键。而如果需要平面作品展示色彩的冲击力，赋予作品激情，丰富作品的内涵，则需要使用到对比的手法。

所谓对比，其手法与调和完全相反，需要通过差异较大的两种或更多鲜明的色彩来形成。对比的方式主要包括以下 4 种。

- 色相对比：色相是区别颜色的重要标志之一，多种色相对比强烈的颜色出现在同一设计作品中，本身就会产生强烈的对比效果。两种色彩在色相环上的距离越远，则对比的感觉越强烈。例如，在使用饱和度高的绿色与红色、黄色与红色，以突出民俗与喜庆风格。在摄影、绘画、计算机界面设计中，色相对比的手法应用广泛，使作品中色彩的运用更鲜明而突出。

- 饱和度对比：在采用同一色调或同一色相来描述设计作品时，如果需要体现出色彩的对比效果，则往往可使用饱和度对比的手法。在使用这种手法时，主要侧重于将同一种色相中不同饱和度的色彩进行比较，以形成强烈的对照，使画面更富有空间感和层次感。

- 明度对比：也是一种重要的色彩对比手法。在平面色彩设计时，使用同一色相饱和度的色彩，可以用明度来区分色彩中的内容。相比之前的两种方法，明度对比用于凸显光照对物体的影响或物体表面的质感等特点。

◉ 色性对比：色性也是色彩的一种重要属性，是人类根据颜色形成的关于冷暖触觉的联想。在 24 色色相环中，位置越靠上的色彩就给人以更温暖的感觉，而位置越靠下的色彩则给人以更寒冷的感觉。色性的对比是色相对比的一个分支，也是一种冲击力较强的对比。通过两种色性的颜色塑造，可以使平面作品的画面更具有空间感和立体感。处理到位的冷暖色彩，将使画面充满着色彩的活力和生机。

3. 色彩的使用技巧

在组合调配 PowerPoint 画面色调过程中，有时为了改进整体设计单调、平淡、乏味的状况，增强活力的感觉，通常在 PowerPoint 画面某个部位设置强调、突出的色彩，以起到画龙点睛的作用。为了吸引观众的注意力，重点色一般都应选择安排在画面中心或主要位置。

重点色彩的使用在适度和适量方面应注意如下几个方面。

◉ 重点色面积不宜过大，否则易与主色调发生冲突而失去画面的整体统一感。面积过小，则易被四周的色彩所同化，不被观众注意而失去作用。只有恰当面积的重点色，才能为主色调作积极的配合和补充，使色调显得既统一又活泼，而彼此相得益彰。

◉ 重点色应该选用比基色调更强烈的色彩。

◉ 重点色设置不宜过多，否则多重点即无重点，多中心的安排将成为过头设计，将会破坏主次有别、井然有序的效果，产生无序、杂乱的弊端。

◉ 并非所有的画面都设置重点色彩。

◉ 重点色同时应注意与整体配色的平衡。

在此，PowerPoint 设计中对色彩的使用总结有以下 6 个要点：

◉ 配色需要根据主题对象，如企业 CI、公司母版等。

◉ 色彩不是孤立的，需要协调相互关系。

◉ 同一画面中大块配色不超过 3 种。

◉ 同一画面中应用明度和纯度的不同关系。

◉ 使用对比色突出表现不同类别。

◉ 根据色彩心理，设计应用环境。

1.5 上机练习

本章的上机练习主要介绍启动现有演示文稿，在该演示文稿中设置自定义快速访问工具栏，并切换到幻灯片放映视图观看幻灯片的效果等实例操作，使用户更好地掌握设置 PowerPoint 2013 工作环境的操作方法和技巧。

(1) 找到计算机中的现有演示文稿【研究电子商务】，双击该演示文稿，即可快速启动 PowerPoint 2013 应用程序，同时打开演示文稿，如图 1-46 所示。

(2) 单击【自定义快速访问工具栏】按钮▼，从弹出的菜单中选择【快速打印】命令，如图 1-47 所示。

图 1-46 【研究电子商务】演示文稿

图 1-47 【自定义快速访问工具栏】下拉列表

(3) 此时即可将【快速打印】命令按钮添加到快速访问工具栏中，如图 1-48 所示。

(4) 在功能区中右击，从弹出的快捷菜单中选择【折叠功能区】命令，即可将功能区隐藏，效果如图 1-49 所示。

图 1-48 添加【快速打印】命令按钮

图 1-49 隐藏功能区

(5) 单击【自定义快速访问工具栏】按钮₹，从弹出的菜单中选择【在功能区下方显示】命令，即可将快速访问工具栏显示在功能区下方，如图 1-50 所示。

图 1-50 移动快速访问工具栏

计算机基础与实训教材系列

（6）单击【文件】按钮，从弹出的【文件】菜单中选择【选项】命令，如图 1-51 所示，打开【PowerPoint 选项】对话框。

（7）打开【常规】选项卡，在【Office 背景】下拉列表中选择【电路】选项，单击【确定】按钮，如图 1-52 所示。

图 1-51　【文件】菜单

图 1-52　【PowerPoint 选项】对话框

（8）此时，演示文稿工作界面的背景将更改，如图 1-53 所示。

（9）按 F5 快捷键，开始放映该演示文稿，放映效果如图 1-54 所示。放映完毕后，单击即可退出放映模式。

图 1-53　更改工作界面背景

图 1-54　放映演示文稿

1.6　习题

1. 简述 PowerPoint 的应用领域、媒体演示的场合和观众群体的需求。
2. 简述色彩的使用技巧。
3. 简述演示文稿的设计流程。
4. 简述 PowerPoint 2013 工作界面的组成部分及其各自的功能。

第2章

创建演示文稿和幻灯片

学习目标

演示文稿是用于介绍和说明某个问题和事件的一组多媒体材料。演示文稿中可以包含幻灯片、演讲备注和大纲等内容，而 PowerPoint 则是创建和演示播放这些内容的工具。本章主要介绍创建、打开、关闭与保存演示文稿的方法和管理幻灯片的一些基本操作。

本章重点

- ◉ 新建演示文稿
- ◉ 保存演示文稿
- ◉ 幻灯片的基本操作
- ◉ 使用节管理幻灯片

2.1 演示文稿的创建与保存

在使用 PowerPoint 2013 制作演示文稿之前，首先应创建一个新的演示文稿以供用户进行编辑，而在编辑好演示文稿之后，又需要对其执行保存操作，以便于日后查看和使用。

2.1.1 新建演示文稿

为了满足使用者的需要，PowerPoint 提供了多种创建演示文稿的方法，如创建空白演示文稿、使用模板创建演示文稿和根据现有内容创建演示文稿等，下面将分别对这些创建方法进行介绍。

1. 创建空白演示文稿

空白演示文稿由带有布局格式的空白幻灯片组成，用户可以在空白的幻灯片上设计出具有鲜明个性的背景色彩、配色方案、文本格式和图片等。创建空白演示文稿的方法有启动 PowerPoint

时创建空白演示文稿、使用【文件】按钮创建空白演示文稿和通过快速访问工具栏创建空白演示
文稿这 3 种。

- ◉ 启动 PowerPoint 时创建空白演示文稿：启动 PowerPoint 2013 后，在打开的软件界面中
  单击【空白演示文稿】选项，即可创建空白演示文稿，如图 2-1 所示。
- ◉ 使用【文件】按钮创建空白演示文稿：单击工作界面左上角的【文件】按钮，在弹出的
  菜单中选择【新建】命令，在打开的选项区域的【可用的模板和主题】列表框中选择【空
  白演示文稿】选项，单击【创建】按钮，如图 2-2 所示，即可新建一个空白演示文稿。

图 2-1　PowerPoint 2013 启动界面

图 2-2　【新建】选项区域

- ◉ 通过快速访问工具栏创建空白演示文稿：单击快速访问工具栏右侧的下拉箭头 ，从弹
  出的快捷菜单中选择【新建】命令，将【新建】命令按钮添加到快速访问工具栏中，如
  图 2-3 所示，然后单击【新建】按钮 ，即可新建一个空白演示文稿。

图 2-3　添加【新建】命令按钮到快速访问工具栏中

💡 **提示**

　　空白演示文稿是界面中最简单的一种演示文稿，它只有版式。另外，启动PowerPoint 2013后，按Ctrl+N
组合键，同样可以快速地创建一个空白演示文稿。

2. 使用样本模板创建演示文稿

样本模板是 PowerPoint 自带的模板中的类型，这些模板将演示文稿的样式、风格，包括幻灯片的背景、装饰图案、文字布局及颜色、大小等均预先定义好。用户在设计演示文稿时可以先选择演示文稿的整体风格，再进行进一步的编辑和修改。

【**例 2-1**】在 PowerPoint 2013 中，根据样本模板创建演示文稿。

(1) 单击【文件】按钮，从弹出的菜单中选择【新建】命令，在显示选项区域的文本框中输入文本"教育"，然后按下 Enter 键，搜索相关的模板，如图 2-4 所示。

(2) 在中间的窗格中显示【样本模板】列表框，在其中双击【蓝色书架演示文稿(宽频)】选项，然后在打开的对话框中单击【创建】按钮，如图 2-5 所示。

计算机基础与实训教材系列

图 2-4　输入需要搜索的模板名称　　　　图 2-5　选择样本模板

(3) 此时，该样本模板将被下载并应用在新建的演示文稿中，效果如图 2-6 所示。

图 2-6　使用模板创建的演示文稿

3. 根据现有内容创建演示文稿

如果用户想使用现有演示文稿中的一些内容或风格来设计其他的演示文稿，就可以使用 PowerPoint 的【根据现有内容新建】功能。这样就能够得到一个和现有演示文稿具有相同内容和风格的新演示文稿，用户只须在原有的基础上进行适当修改即可。

【例2-2】在【例2-1】创建的演示文稿中插入现有幻灯片。

(1) 在 PowerPoint 2013 中打开一个样本模板后，将光标定位在幻灯片的最后位置，在【开始】选项卡的【幻灯片】组中单击【新建幻灯片】按钮右下方的下拉列表按钮，在弹出的下拉列表中选择【重用幻灯片】命令，如图 2-7 所示。

(2) 打开【重用幻灯片】任务窗格，如图 2-8 所示。单击【浏览】按钮，在弹出的菜单中选择【浏览文件】命令。

图 2-7　重用幻灯片

图 2-8　【重用幻灯片】任务窗格

(3) 在打开的【浏览】对话框中选择需要使用的现有演示文稿，然后单击【打开】按钮，如图 2-9 所示。

(4) 此时，【重用幻灯片】任务窗格中显示现有演示文稿中所有可用的幻灯片，在幻灯片列表中单击需要的幻灯片，可以将其插入到指定位置，如图 2-10 所示。

图 2-9　【浏览】对话框

图 2-10　插入现有幻灯片

②.1.2　保存演示文稿

文件的保存是一种常规操作，在演示文稿的创建过程中及时保存工作成果，可以避免数据的意外丢失。保存演示文稿的方式很多，一般情况下的保存方法与其他 Windows 应用程序相似。下面将逐一介绍这些方法。

1. 常规保存

在进行文件的常规保存时，可以在快速访问工具栏中单击【保存】按钮█，也可以单击【文件】按钮，在弹出的菜单中选择【保存】或【另存为】命令。当用户第一次保存该演示文稿或使用【另存为】命令保存演示文稿时，将打开【另存为】对话框，如图 2-11 所示，供用户选择保存位置和命名演示文稿。

图 2-11 保存演示文稿

【例 2-3】将创建的演示文稿，以"唯美梦幻模板"为名保存在计算机硬盘中。

(1) 在 PowerPoint 2013 中创建演示文稿后，在快速访问工具栏中单击【保存】按钮█，如图 2-12 所示。

(2) 在打开的【另存为】选项区域中选中【计算机】选项，然后单击【浏览】按钮，如图 2-13 所示。

图 2-12 快速访问工具栏   图 2-13 【另存为】选项区域

(3) 打开【另存为】对话框，选择文件的保存路径，在【文件名】文本框中输入文本"唯美梦幻模板"，并单击【保存】按钮即可。

(4) 再次修改演示文稿并进行保存时，直接单击【文件】按钮，在弹出的【文件】菜单中选择【保存】命令，或者按 Ctrl+S 快捷键即可。此时，不再打开【另存为】对话框。

2. 自动保存

PowerPoint 2013 具备自动备份文件的功能，每隔一段时间系统就会自动保存一次文件。当用户关闭 PowerPoint 时，若没有执行保存操作，则使用该功能，即使在退出 PowerPoint 之前未保存文件，系统也会恢复到最近一次的自动备份。

【例2-4】设置文件的自动保存参数，并自动恢复未保存的文件。

(1) 单击【文件】按钮，从弹出的【文件】菜单中选择【选项】选项，如图 2-14 所示，打开【PowerPoint 选项】对话框。

(2) 在【PowerPoint 选项】对话框中打开【保存】选项卡，设置文件的保存格式、文件自动保存时间间隔为 5 分钟、自动恢复文件位置和默认文件位置，如图 2-15 所示，然后单击【确定】按钮即可。

图 2-14　【文件】菜单

图 2-15　【保存】选项卡

(3) 当需要打开 PowerPoint 自动保存的文件时，可以单击【文件】按钮，从弹出的【文件】菜单中选择【打开】命令，单击【最近使用的演示文稿】，然后在右侧的窗格中单击【恢复未保存的演示文稿】按钮，如图 2-16 所示。

(4) 打开【打开】对话框，选择需要恢复的文件，单击【打开】按钮即可，如图 2-17 所示。

图 2-16　恢复未保存的演示文稿

图 2-17　【打开】对话框

2.2　演示文稿的打开与关闭

对于保存在电脑中的演示文稿，用户可以随时进行打开、编辑、查看或放映等操作，而在完成了对演示文稿的编辑后，则需要将其关闭。下面将对打开和关闭演示文稿的方法进行介绍。

②.2.1　打开演示文稿

使用 PowerPoint 2013 不仅可以创建演示文稿，还可以打开已有的演示文稿，对其进行编辑。PowerPoint 允许用户通过以下几种方法打开演示文稿。

- ◉ 直接双击打开：Windows 操作系统会自动为所有 ppt、pptx 等格式的演示文稿、演示模板文件建立文件关联，用户只须双击这些文档，即可启动 PowerPoint 2013，同时打开指定的演示文稿。
- ◉ 通过【文件】菜单打开：单击【文件】按钮，从弹出的【文件】菜单中选择【打开】命令，在显示的选项区域中选中【计算机】选项并单击【浏览】按钮，打开【打开】对话框，选择演示文稿，单击【打开】按钮即可，如图 2-18 所示。

图 2-18　通过【文件】菜单打开演示文稿

- ◉ 通过快速访问工具栏打开：在快速访问工具栏中单击【自定义快速访问工具栏】按钮 ，在弹出的菜单中选择【打开】命令，将【打开】命令按钮 添加到快速访问工具栏中。单击该按钮，打开【打开】对话框，选择相应的演示文稿，单击【打开】按钮即可。
- ◉ 使用快捷键打开：在 PowerPoint 2013 窗口中，直接按 Ctrl+O 组合键，打开【打开】对话框，选择演示文稿，单击【打开】按钮即可。

知识点

PowerPoint 2013 关联的文档主要包括6种，即扩展名为 ppt、pptx、pot、potx、pps 和 ppsx 的文档。除了以上介绍的几种打开演示文稿的方法外，用户还可以直接选择外部的演示文稿，然后使用鼠标将演示文稿拖动到 PowerPoint 2013 窗口中，同样可以打开该演示文稿。

②.2.2　关闭演示文稿

对演示文稿编辑完成后，若不再需要对其进行操作，可以将其关闭。关闭演示文稿的方法有以下几种。

● 单击【文件】按钮，在弹出的菜单中选中【关闭】按钮，此时 PowerPoint 将关闭当前正在打开的演示文稿，但不会退出，如图 2-19 所示。

图 2-19　关闭演示文稿

● 按 Ctrl+F4 组合键，直接关闭当前已打开的演示文稿；若按 Alt+F4 组合键，则除了关闭演示文稿外，还会关闭整个 PowerPoint 2013 应用程序窗口。

②.3　幻灯片的基本操作

幻灯片是演示文稿的重要组成部分，因此在 PowerPoint 2013 中需要掌握幻灯片的管理工作，主要包括选择幻灯片、插入幻灯片、移动与复制幻灯片、删除幻灯片和隐藏幻灯片等。

②.3.1　选择幻灯片

在 PowerPoint 2013 中，用户可以选中一张或多张幻灯片，然后对选中的幻灯片进行操作。以下是在普通视图中选择幻灯片的方法。

● 选择单张幻灯片：无论是在普通视图还是在幻灯片浏览视图下，只须单击需要的幻灯片，即可选中该张幻灯片。

● 选择编号相连的多张幻灯片：首先单击起始编号的幻灯片，然后按住 Shift 键，单击结束编号的幻灯片，此时两张幻灯片之间的多张幻灯片被同时选中，如图 2-20 所示。

● 选择编号不相连的多张幻灯片：在按住 Ctrl 键的同时，依次单击需要选择的每张幻灯片，即可同时选中单击的多张幻灯片。在按住 Ctrl 键的同时再次单击已选中的幻灯片，则取消选择该幻灯片，如图 2-21 所示。

● 选择全部幻灯片：无论是在普通视图还是在幻灯片浏览视图下，按 Ctrl+A 组合键，即可选中当前演示文稿中的所有幻灯片。

此外，在幻灯片浏览视图下，用户直接在幻灯片之间的空隙中进行拖动，此时鼠标划过的幻灯片都将被选中，如图 2-22 所示。

图 2-20　选择编号相连的多张幻灯片　　　　　图 2-21　选择编号不相连的多张幻灯片

图 2-22　在幻灯片浏览视图模式下同时选择多张幻灯片

知识点

在对幻灯片进行操作时，最为方便的视图模式是幻灯片浏览视图。对于小范围或少量的幻灯片操作，也可以在普通视图模式下进行。

2.3.2　插入幻灯片

在启动 PowerPoint 2013 应用程序后，PowerPoint 会自动建立一张新的幻灯片，随着制作过程的推进，需要在演示文稿中插入更多的幻灯片。

要插入新幻灯片，可以通过【幻灯片】组插入，也可以通过右击插入，甚至可以通过键盘操作插入。下面将介绍这几种插入幻灯片的方法。

1. 通过【幻灯片】组插入

在幻灯片预览窗格中，选择一张幻灯片，打开【开始】选项卡，在功能区的【幻灯片】组中单击【新建幻灯片】按钮，即可插入一张默认版式的幻灯片。当需要应用其他版式时，单击【新建幻灯片】按钮右下方的下拉箭头，在弹出的版式菜单中选择【标题和内容】选项，即可插入该

计算机 基础与实训教材系列

样式的幻灯片,如图 2-23 所示。

图 2-23　通过【幻灯片】组插入幻灯片

2. 通过右键菜单插入

在幻灯片预览窗格中,选择一张幻灯片,右击该幻灯片,从弹出的快捷菜单中选择【新建幻灯片】命令,即可在选择的幻灯片之后插入一张新的幻灯片,如图 2-24 所示。

图 2-24　通过右键菜单插入幻灯片

3. 通过键盘操作插入

通过键盘操作插入幻灯片的方法是最为快捷的方法。在幻灯片预览窗格中,选择一张幻灯片,然后按 Enter 键,或按 Ctrl+M 组合键,即可快速插入一张与选中幻灯片具有相同版式的新幻灯片。

②.3.3　移动与复制幻灯片

在 PowerPoint 2013 中,用户可以方便地对幻灯片进行移动与复制操作。

1. 移动幻灯片

在制作演示文稿时,为了调整幻灯片的播放顺序,此时就需要移动幻灯片。移动幻灯片的方法如下。

- 选中需要复制的幻灯片，在【开始】选项卡的【剪贴板】组中单击【剪切】按钮 ，或者右击选中的幻灯片，从弹出的快捷菜单中选择【剪切】命令，或者按 Ctrl+X 快捷键。

- 在需要插入幻灯片的位置单击，然后在【开始】选项卡的【剪贴板】组中单击【粘贴】按钮 ，或者在目标位置右击，从弹出的快捷菜单中选择【粘贴选项】命令中的选项，或者按 Ctrl+V 快捷键。

知识点

在 PowerPoint 2013 中，除了可以移动同一个演示文稿中的幻灯片之外，还可以移动不同演示文稿中的幻灯片，方法为：在任意窗口中，打开【视图】选项卡，在【窗口】组中单击【全部重排】按钮 ，此时系统自动将两个演示文稿显示在一个界面中。然后选择要移动的幻灯片，拖动幻灯片至另一演示文稿中，此时目标位置上将出现一条横线，释放鼠标即可。

2. 复制幻灯片

PowerPoint 支持以幻灯片为对象的复制操作。在制作演示文稿时，为了使新建的幻灯片与已经建立的幻灯片保持相同的版式和设计风格(即使两张幻灯片内容基本相同)，可以利用幻灯片的复制功能，复制出一张相同的幻灯片，然后再对其进行适当的修改。

复制幻灯片的基本方法如下。

- 选中需要复制的幻灯片，在【开始】选项卡的【剪贴板】组中单击【复制】按钮 ，或者右击选中的幻灯片，从弹出的快捷菜单中选择【复制】命令，或按 Ctrl+C 快捷键。

- 在需要插入幻灯片的位置单击，然后在【开始】选项卡的【剪贴板】组中单击【粘贴】按钮 ，或者在目标位置右击，从弹出的快捷菜单中选择【粘贴选项】命令中的选项，或者按 Ctrl+V 快捷键。

知识点

另外，用户还可以通过拖动的方法复制幻灯片，方法很简单：选择要复制的幻灯片，按住 Ctrl 键，然后拖动选定的幻灯片，在拖动的过程中，出现一条竖线表示选定幻灯片的新位置，此时释放鼠标，再松开 Ctrl 键，选择的幻灯片将被复制到目标位置。

②.3.4　删除幻灯片

在演示文稿中删除多余幻灯片是清除大量冗余信息的有效方法。删除幻灯片的方法主要有以下两种。

- 选择要删除的幻灯片，右击该幻灯片，从弹出的快捷菜单中选择【删除幻灯片】命令。

- 选择要删除的幻灯片，直接按 Delete 键，即可删除所选的幻灯片。

【例2-5】在演示文稿中删除第 2 张与第 4 张幻灯片。

(1) 在 PowerPoint 2013 中打开演示文稿后，在左侧的幻灯片缩略图窗格中选择第 2 张幻灯片，并右击，从弹出的快捷菜单中选择【删除幻灯片】命令，如图 2-25 所示。

(2) 此时，即可删除选中的幻灯片，重新编号后面的幻灯片，如图 2-26 所示。

图 2-25　删除幻灯片

图 2-26　删除第 2 张幻灯片后的效果

(3) 在左侧的幻灯片缩略图窗格中选择第3张幻灯片(原演示文稿的第4张幻灯片)，按下Delete键，即可将原演示文稿的第4张幻灯片删除，如图2-27所示。

图 2-27　删除原演示文稿的第 4 张幻灯片

(4) 单击【文件】按钮，从弹出的【文件】菜单中选择【保存】命令，快速保存删除幻灯片后的演示文稿。

②.3.5　隐藏幻灯片

制作好的演示文稿中有的幻灯片可能不是每次放映时都需要放映出来，此时就可以将暂时不需要的幻灯片隐藏起来。

【例2-6】在【宽屏模板】演示文稿中隐藏第 2 张幻灯片。

(1) 在 PowerPoint 2013 中打开演示文稿后，在幻灯片预览窗口中选中第 2 张幻灯片缩略图，并右击鼠标，从弹出的快捷菜单中选择【隐藏幻灯片】命令，如图 2-28 所示。

(2) 此时，即可隐藏选中的幻灯片，在幻灯片预览窗口中隐藏的幻灯片编号上将显示 标志，如图 2-29 所示。

图 2-28 执行隐藏命令

图 2-29 隐藏幻灯片

(3) 在快速访问工具栏中单击【保存】按钮 □，保存隐藏幻灯片后的演示文稿。

②.4 使用节管理幻灯片

在 PowerPoint 2013 中制作大型演示文稿时，用户可以使用节来对幻灯片进行简化管理和导航，如此可以使演示文稿的结构一目了然。

②.4.1 新增节

在 PowerPoint 2013 中，用户可以使用新增的节功能来组织幻灯片。节功能类似使用文件夹组织文件一样，不仅可以跟踪幻灯片组，而且还可以将节分配给其他用户，明确合作期间的所有权。

使用 PowerPoint 2013 打开演示文稿，选择目标幻灯片，在【开始】选项卡的【幻灯片】组中单击【节】按钮，从弹出的菜单中选择【新增节】命令，此时系统会自动在幻灯片的上方添加一个节标题，如图 2-30 所示。

图 2-30 新增节

计算机 基础与实训教材系列

②.4.2 编辑节

成功创建节后选中节，在【幻灯片】组中单击【节】按钮，从弹出的菜单中选择【重命名节】命令，打开【重命名节】对话框，在【节名称】文本框中输入节名称，单击【重命名】按钮，此时即可设置节的名称，如图 2-31 所示。

图 2-31　设置节的名称

在【幻灯片】组中单击【节】按钮，从弹出的菜单中选择【全部折叠】命令，此时在左侧的幻灯片缩略图窗口中只显示节名称，如图 2-32 所示。在【幻灯片】组中单击【节】按钮，从弹出的菜单中选择【全部展开】命令，可以将折叠的节重新展开。

对于多余或无用的节，可以将其删除。在节标题上右击鼠标，在弹出的菜单中选择【删除节】命令，如图 2-33 所示，或在【幻灯片】组中单击【节】按钮，从弹出的菜单中选择【删除节】命令，即可删除节。

图 2-32　折叠节　　　　　　　　　　　　　　　图 2-33　删除节

②.5　上机练习

本章的上机练习主要练习使用自定义模板和 Web 模板创建演示文稿的方法，以及使用 PowerPoint 模板创建新演示文稿、编辑幻灯片、保存演示文稿的操作方法。

②.5.1 通过自定义模板创建演示文稿

用户可以将自定义演示文稿保存为【PowerPoint 模板】类型，使其成为一个自定义模板保存在【我的模板】中。当需要使用该模板时，在【我的模板】列表框中调用即可。

自定义模板可由以下两种方法获得。

⊙ 在演示文稿中自行设计主题、版式、字体样式、背景图案、配色方案等基本要素，然后保存为模板。

⊙ 由其他途径(如下载、共享、光盘等)获得的模板。

(1) 在 PowerPoint 2013 中打开预先设计好的模板，如图 2-34 所示。

(2) 单击【开始】按钮，在弹出的【开始】菜单中选择【另存为】命令，然后选中【计算机】选项，并单击【浏览】按钮，打开【另存为】对话框。

(3) 在【文件名】文本框中输入模板名称，在【保存类型】下拉列表框中选择【PowerPoint 模板】选项，此时对话框中的【保存位置】下拉列表框将自动更改保存路径，如图 2-35 所示。

图 2-34 打开设计模板

图 2-35 【另存为】对话框

(4) 在【另存为】对话框中单击【保存】按钮，即可将模板保存到 PowerPoint 指定的模板存储路径下。

(5) 关闭保存后的模板。启动 PowerPoint 2013 应用程序，打开一个空白演示文稿。

(6) 单击【文件】按钮，从弹出的菜单中选择【选项】命令，在打开的【PowerPoint 选项】对话框中选择【保存】选项卡，然后在【默认个人模板位置】文本框中输入步骤(3)所设置的模板保存路径，并单击【确定】按钮，如图 2-36 所示。

(7) 再次单击【文件】按钮，在弹出的菜单中选中【新建】命令，然后在显示的【新建】选项区域中单击【自定义】选项，如图 2-37 所示。

(8) 在显示的【自定义】选项区域中单击【自定义 Office 模板】选项，如图 2-38 所示，显示自定义 Office 模板列表。

(9) 在自定义 Office 模板列表中双击创建的模板，然后在打开的对话框中单击【创建】按钮，即可使用模板创建演示文稿，如图 2-39 所示。

图 2-36　设置默认个人模板位置

图 2-37　【新建】选项区域

图 2-38　自定义 Office 模板

图 2-39　使用自定义模板创建演示文稿

2.5.2　使用在线模板创建演示文稿

相比之前版本的 PowerPoint，PowerPoint 2013 着重增强了网络功能，允许用户从微软的 Office 官方网站下载相关的 PowerPoint 模板。

PowerPoint 将从官方网站下载 PowerPoint 模板的功能集成到了软件中。用户只须保持本地计算机的网络畅通，即可在创建演示文稿时，直接调用互联网中的资源。

(1) 启动 PowerPoint 2013 应用程序，打开一个空白演示文稿。

(2) 单击【文件】按钮，从弹出的【文件】菜单中选择【新建】命令，在【建议的搜索】列表中单击【演示文稿】分类，如图 2-40 所示。

(3) 在打开的选项区域右侧的【分类】列表框中单击【媒体】选项，显示如图 2-41 所示的模板列表。

(4) 在模板列表框中双击一种需要的模板，在打开的对话框中单击【创建】按钮，即可开始下载演示文稿，如图 2-42 所示。

(5) 此时，将在打开的对话框中，将显示模板下载信息，如图 2-43 所示。

图 2-40　【新建】选项区域

图 2-41　【媒体】列表框

图 2-42　使用在线模板

图 2-43　下载模板

(6) 模板成功下载后，将被应用在新建的演示文稿中，效果如图 2-44 所示，在左侧的幻灯片预览窗格中可以通过单击，切换查看模板中各幻灯片的缩略图。

图 2-44　演示文稿效果

(7) 在快速访问工具栏中单击【保存】按钮，保存创建的演示文稿。

②.6 习题

1. 简述创建演示文稿的常用方法。
2. 简述插入幻灯片的 3 种不同方式。
3. 简述复制和移动幻灯片的区别。
4. 简述保存演示文稿的方法。
5. 使用 PowerPoint 2013 通过互联网搜索并创建如图 2-45 所示的学校演示文稿模板。

图 2-45　学校演示文稿设计模板

设置文本和段落样式

学习目标

文字是演示文稿中至关重要的组成部分，简洁的文字说明使演示文稿更为直观明了。另外，为了使幻灯片中的文本层次分明，条理清晰，可以为幻灯片中的段落设置格式和级别。例如，使用不同的项目符号和编号来标识段落层次等。本章主要介绍在幻灯片中添加文本、修饰演示文稿中的文字、设置文本格式、使用项目符号和编号设置段落级别、设置段落格式等操作。

本章重点

- ◉ 在幻灯片中使用占位符
- ◉ 在幻灯片中使用文本框
- ◉ 在幻灯片中输入与编辑文本
- ◉ 设置幻灯片中的文本格式

③.1 使用占位符

占位符是包含文字和图形等对象的容器，其本身是构成幻灯片内容的基本对象，具有自己的属性。用户可以对其中的文字进行操作，也可以对占位符本身进行大小调整、移动、复制、粘贴及删除等操作。

③.1.1 选定占位符

要在幻灯片中选中占位符，可以使用如下方法进行选择。

- ◉ 在文本编辑状态下，单击其边框，即可选中该占位符，如图 3-1 所示。

● 在幻灯片中可以进行拖动鼠标选择占位符。当鼠标指针处在幻灯片的空白处时，进行拖动，此时将出现一个虚线框，当释放鼠标时，处在虚线框内的占位符都会被选中，如图3-2 所示。

● 在按住键盘上的 Shift 键或 Ctrl 键时依次单击多个占位符，可同时选中它们(按住 Shift 键和按住 Ctrl 键的不同之处在于，按住前者只能选择一个或多个占位符，而按住后者时，除了可以同时选中多个占位符外，还可拖动选中的占位符，实现对所选占位符的复制操作)。

图 3-1　单击边框选中占位符　　　　　　　　图 3-2　拖动鼠标选择占位符

占位符的文本编辑状态与选中状态的主要区别是边框的形状，如图 3-3 所示。单击占位符内部，在占位符内部出现一个光标，此时占位符处于编辑状态。

图 3-3　占位符的编辑与选中状态

 知识点

打开【开始】选项卡，在功能区的【编辑】组中单击【选择】按钮，从弹出的快捷菜单中选择【选择窗格】命令，打开【选择和可见性】任务窗格。在该窗格中选择相应的占位符，即可选中幻灯片中对应的占位符。

③.1.2　添加占位符文本

占位符文本的输入主要在普通视图中进行，而普通视图分为幻灯片和大纲两种视图方式，在这两种视图方式中都可以输入文本。

1. 在幻灯片视图中输入文本

新建一个空白演示文稿，切换到幻灯片预览窗格，然后在幻灯片编辑窗格中，单击【单击此处添加标题】占位符内部，进入编辑状态，即可开始输入文本，如图 3-4 所示。

图 3-4　在幻灯片视图中输入文本

2. 在大纲视图中输入文本

新建一个空白演示文稿，打开【视图】选项卡在【演示文稿视图】选项组中单击【大纲视图】选项，切换至大纲窗格，将光标定位在要输入文本的幻灯片图标下，直接输入文本即可，如图 3-5 所示。

图 3-5　在大纲视图中输入文本

【例 3-1】创建【论文答辩】演示文稿，并在其中的占位符内输入文本。

(1) 启动 PowerPoint 2013 应用程序，打开一个空白演示文稿，单击【文件】按钮，从弹出的【文件】菜单中选择【新建】命令，在中间的窗格中选择【自定义】选项，如图 3-6 所示。

(2) 在显示的【自定义】选项区域中单击【自定义 Office 模板】文件夹，在打开的列表框中双击要使用的模板，单击【确定】按钮。

(3) 在打开的对话框中单击【创建】按钮，将新建一个基于模板的演示文稿，如图 3-7 所示。

图 3-6　【自定义】选项区域

图 3-7　使用模板创建演示文稿

(4) 将创建的演示文稿以文件名"论文答辩"保存，如图 3-8 所示。

(5) 打开【插入】选项卡，在【幻灯片】组中单击【新建幻灯片】按钮，在弹出的下拉列表中选中【标题幻灯片】选项，如图 3-9 所示。

图 3-8　创建演示文稿

图 3-9　新建幻灯片

(6) 选中插入的幻灯片，单击【单击此处添加标题】文本占位符内部，此时该占位符中将出现闪烁的光标，在其中输入文字"论文题目："，如图 3-10 所示。

(7) 使用相同方法，在【单击此处添加副标题】文本占位符中输入文字，如图 3-11 所示。

图 3-10　输入正标题

图 3-11　输入副标题

(8) 选中占位符，然后拖动鼠标调整其位置，效果如图 3-12 所示。

(9) 选中副标题占位符，然后拖动其四周的控制点，调整占位符大小，如图 3-13 所示。

图 3-12　调整占位符的位置　　　　　　　图 3-13　调整占位符大小

(10) 在快速访问工具栏中单击【保存】按钮 ，保存演示文稿。

③.1.3　设置占位符属性

在 PowerPoint 2013 中，占位符、文本框及自选图形等对象具有相似的属性，如对齐方式、颜色、形状等，设置它们属性的操作是相似的。在幻灯片中选中占位符时，功能区将出现【绘图工具】的【格式】选项卡，如图 3-14 所示。通过该选项卡中的各个按钮和命令，即可设置占位符的属性。

图 3-14　【格式】选项卡

1. 调整占位符

调整占位符主要是指调整其大小。当占位符处于选中状态时，将鼠标指针移动到占位符右下角的控制点上，此时鼠标指针变为 形状。向内拖动，调整到合适大小时释放鼠标即可缩小占位符，如图 3-15 所示。

图 3-15　调整占位符大小

另外，在占位符处于选中状态时，系统自动打开【绘图工具】的【格式】选项卡，在如图 3-16 所示的【大小】组的【形状高度】和【形状宽度】文本框中可以精确地设置占位符大小。

图 3-16　通过【大小】选项组调整占位符大小

 提示

当占位符处于选中状态时，将鼠标指针移动到占位符的边框时将显示 形状，此时拖动文本框到目标位置，释放鼠标即可移动占位符。当占位符处于选中状态时，可以通过键盘方向键来移动占位符的位置。使用方向键移动的同时按住 Ctrl 键，可以实现占位符的微移。

2. 旋转占位符

在设置演示文稿时，占位符可以任意角度旋转。选中占位符，在【格式】选项卡的【排列】组中单击【旋转对象】按钮，在弹出的下拉列表中选择相应选项即可实现按指定角度旋转占位符，如图 3-17 所示(若选择【其他旋转选项】选项，将打开如图 3-18 所示的【设置形状格式】窗格，在该窗格的【旋转】文本框中，用户可以自定义占位符的旋转角度)。

图 3-17　【旋转对象】下拉列表　　　　图 3-18　【设置形状格式】窗格

 提示

设置占位符旋转的角度，正常为 0°，正数表示顺时针旋转，负数表示逆时针旋转。设置负数后，PowerPoint 会自动转换为对应的 360° 之内的数值。此外，通过鼠标同样可以旋转占位符：选中占位符后，将光标移至占位符的绿色调整柄上，单击，此时光标变成 形状，旋转占位符至合适方向即可。

3. 对齐占位符

如果一张幻灯片中包含两个或两个以上的占位符，用户可以通过选择相应命令来左对齐、右对齐、左右居中或横向分布占位符。

在幻灯片中选中多个占位符，在【格式】选项卡的【排列】组中单击【对齐对象】按钮，此时在弹出的下拉列表中选择相应选项，即可设置占位符的对齐方式。

【例3-2】在【论文答辩】演示文稿中设置占位符相对于幻灯片窗口左右居中对齐和左对齐。

(1) 继续【例3-1】的操作，按住 Ctrl 键选中幻灯片中的两个占位符，如图 3-19 所示。

(2) 在【格式】选项卡的【排列】组中单击【对齐对象】按钮，在弹出的下拉列表中选中【对齐幻灯片】选项，如图 3-20 所示。

图 3-19　选中占位符

图 3-20　【对齐对象】下拉列表

(3) 单击【对齐对象】按钮，在弹出的下拉列表中选中【左右居中】选项，对齐占位符的效果如图 3-21 所示。

(4) 单击【对齐对象】按钮，在弹出的下拉列表中选中【左对齐】选项，对齐占位符的效果如图 3-22 所示。

图 3-21　左右居中

图 3-22　左对齐

4. 设置占位符的形状

占位符的形状设置包括形状样式、形状填充颜色、形状轮廓和形状效果等的设置。通过设置占位符的形状，可以自定义内部纹理、渐变样式、边框颜色、边框粗细、阴影效果、反射效果等。

◉ 更改形状样式：PowerPoint 2013 内置多种形状样式，用户可以在【形状样式】组中单击【其他】下拉按钮▾，在弹出的如图 3-23 所示的列表框中选择需要的样式即可。

◉ 设置形状填充颜色：在【形状样式】组中单击【形状填充】按钮，在弹出的如图 3-24 所示的下拉列表框中可以设置占位符的填充颜色。

图 3-23　【形状样式】下拉列表

图 3-24　【形状填充】下拉列表

◉ 设置形状轮廓：在【形状样式】组中单击【形状轮廓】按钮，在弹出的如图 3-25 所示的下拉列表框中可以设置占位符轮廓线条颜色、线型等。

◉ 设置形状效果：在【形状样式】组中单击【形状效果】按钮，从弹出的如图 3-26 所示的下拉菜单中可以为占位符设置阴影、映像、发光等效果。

图 3-25　【形状轮廓】下拉列表

图 3-26　【形状效果】下拉列表

【例 3-3】在【论文答辩】演示文稿中为占位符设置填充颜色、线条参数、和形状效果。

(1) 继续【例 3-2】的操作，选中主标题占位符，打开【绘图工具】的【格式】选项卡，在【形状样式】组中单击对话框启动器▫，如图 3-27 所示，打开【设置形状格式】窗格。

(2) 打开【填充】选项区域，选中【纯色填充】单选按钮，然后单击【颜色】下拉列表按钮，在弹出的下拉列表中选中【其他颜色】选项，如图 3-28 所示。

(3) 打开【颜色】对话框，在【红色】文本框中输入 231，在【绿色】文本框中输入 78，在【蓝色】文本框中输入 62，如图 3-29 所示。

(4) 在【颜色】对话框中单击【确定】按钮后，占位符的颜色填充效果如图 3-30 所示。

图 3-27　选中占位符

图 3-28　【设置形状格式】窗格

图 3-29　【颜色】对话框

图 3-30　设置占位符填充颜色

(5) 在【设置形状格式】窗格中展开【线条】选项区域，然后在该选项区域中设置占位符边框的线条参数，如图 3-31 所示。

(6) 在【设置形状格式】窗格中选中【效果】选项卡，然后展开【阴影】选项区域。

(7) 单击【阴影】下拉列表按钮，在弹出的下拉列表中选中【右下斜偏移】选项，然后在【透明度】、【大小】、【模糊】、【角度】和【距离】文本框中输入阴影参数，如图 3-32 所示。

图 3-31　【线条】选项区域

图 3-32　【阴影】选项区域

图3-33 占位符效果　　图3-34 调整占位符大小

(10) 在快速访问工具栏中单击【保存】按钮，保存演示文稿。

3.1.4 复制、剪切和删除占位符

用户可以对占位符进行复制、剪切、粘贴及删除等基本编辑操作。对占位符的编辑操作与对其他对象的操作相同，选中占位符后，在【开始】选项卡的【剪贴板】组中选择【复制】、【粘贴】及【剪切】等相应按钮即可，如图3-35所示。

图3-35 【开始】选项卡中的【剪贴板】选项组

- 在复制或剪切占位符时，会同时复制或剪切占位符中的所有内容和格式，以及占位符的大小和其他属性。
- 当把复制的占位符粘贴到当前幻灯片时，被粘贴的占位符将位于原占位符的附近；当把复制的占位符粘贴到其他幻灯片时，则被粘贴的占位符的位置将与原占位符在幻灯片中的位置完全相同。
- 占位符的剪切操作常用来在不同的幻灯片间移动内容。
- 选中占位符，按Delete键，可以把占位符及其内部的所有内容删除。

（8）完成以上设置后，主标题占位符的效果如图3-33所示。

（9）拖动占位符四周的控制点，调整占位符的大小，如图3-34所示。

③.2　使用文本框

文本框是一种可移动、可调整大小的文字容器，它与文本占位符非常相似。使用文本框可以在幻灯片中放置多个文字块，使文字按照不同的方向排列。也可以突破幻灯片版式的制约，实现在幻灯片中任意位置添加文字信息的目的。

③.2.1　添加文本框

PowerPoint 2013 提供了两种形式的文本框：横排文本框和垂直文本框，分别用来放置水平方向的文字和垂直方向的文字。

打开【插入】选项卡，在【文本】组中单击【文本框】按钮下方的下拉箭头，在弹出的下拉菜单中选择【横排文本框】命令，移动鼠标指针到幻灯片的编辑窗口，当指针形状变为↓形状时，在幻灯片页面中进行拖动，鼠标指针变成十字形状。当拖动到合适大小的矩形框后，释放鼠标完成横排文本框的插入；同样在【文本】组中单击【文本框】按钮下方的下拉箭头，在弹出的菜单中选择【竖排文本框】命令，移动鼠标指针在幻灯片中绘制竖排文本框，如图 3-36 所示。绘制完文本框后，光标自动定位在文本框内，即可开始输入文本。

图 3-36　绘制文本框

【例 3-4】在【论文答辩】演示文稿中绘制文本框，并在文本框中添加文本。

(1) 继续【例 3-3】的操作，打开【插入】选项卡，在【文本】组中单击【文本框】下方的下拉箭头，在弹出的菜单中选择【横排文本框】命令。

(2) 移动鼠标指针到幻灯片的编辑窗口，当指针形状变为↓形状时，在幻灯片页面中进行拖动，鼠标指针变成十字形状，拖动到合适大小的矩形框，释放鼠标完成横排文本框的插入，如图 3-37 所示。

(3) 此时，光标自动位于文本框内，在其中直接输入文本内容，如图 3-38 所示。

图 3-37　绘制横排文本框　　　　　　　　　图 3-38　输入文本内容

(4) 打开【插入】选项卡，在【文本】组中单击【文本框】下方的下拉箭头，在弹出的下拉列表中选择【垂直文本框】命令。

（5）移动鼠标指针到幻灯片页面右下方，当指针形状变为↓形状时，进行拖动，此时鼠标指针变成十字形状，拖动绘制竖排文本框，释放鼠标，完成竖排文本框的插入，如图 3-39 所示。

（6）在竖排文本框中输入文本内容，效果如图 3-40 所示。

图 3-39　绘制竖排文本框

图 3-40　文本框效果

（7）在快速访问工具栏中单击【保存】按钮 ，保存演示文稿。

③.2.2　设置文本框属性

文本框中新输入的文字没有任何格式，需要用户根据演示文稿的实际需要进行设置。文本框上方有一个圆形的旋转控制点，拖动该控制点可以方便地将文本框旋转至任意角度。

【例 3-5】在【论文答辩】演示文稿中，设置文本框属性。

（1）继续【例 3-4】的操作，选中横排文本框，打开【绘图工具】的【格式】选项卡，单击【形状样式】组中的对话框启动器 ，打开【设置形状格式】窗格。

（2）在【填充】选项区域中选中【幻灯片背景填充】单选按钮，如图 3-41 所示。

（3）选择【效果】选项卡，展开【映像】选项区域，然后参考图 3-42 所示设置其中的选项参数，设置文本框效果。

图 3-41　【填充】选项区域

图 3-42　【映像】选项区域

(4) 完成横排文本框的设置后，选中幻灯片中的竖排文本框。

(5) 选择【绘图工具】的【格式】选项卡，在【形状样式】组中单击【形状轮廓】按钮，从弹出的菜单中选择【其他轮廓颜色】命令，如图 3-43 所示。

(6) 打开【颜色】对话框，选择【自定义】选项卡，【颜色模式】选择 RGB【红色】为 0，【绿色】为 176，【蓝色】为 80，单击【确定】按钮，如图 3-44 所示。

图 3-43　设置竖排文本框形状轮廓　　　　图 3-44　【颜色】对话框

(7) 将鼠标指针移动到竖排文本框的边框，待指针变为 形状，拖动文本框到目标位置，释放鼠标，完成文本框移动操作，此时竖排文本框效果如图 3-45 所示。

图 3-45　调整竖排文本框位置

(8) 在快速访问工具栏中单击【保存】按钮 ，保存演示文稿。

3.3　在幻灯片中导入外部文本

用户除了使用复制的方法从其他文档中将文本粘贴到幻灯片中，还可以在【插入】选项卡的【文本】组中单击【对象】按钮，直接将文本文档导入到幻灯片中。

【例 3-6】打开【论文答辩】演示文稿，在幻灯片中导入外部文本。

(1) 继续【例 3-6】的操作，选中第 5 张幻灯片，如图 3-46 所示。

(2) 选择【插入】选项卡，在【文本】组中单击【对象】按钮□，如图 3-47 所示。

图 3-46　选中第 5 张幻灯片　　　　　　　图 3-47　【文本】选项组

(3) 打开【插入对象】对话框，选中【由文件创建】单选按钮，然后单击【浏览】按钮，如图 3-48 所示。

(4) 在打开的【浏览】对话框中选中要导入幻灯片的文件后，单击【确定】按钮，如图 3-49 所示。

图 3-48　【插入对象】对话框　　　　　　　图 3-49　【浏览】对话框

(5) 此时，幻灯片中显示导入的文本文档，如图 3-50 所示。

(6) 在导入的文本中右击，在弹出的快捷菜单中选择【文档对象】|【编辑】命令，如图 3-51 所示，使文本处于可编辑状态。

图 3-50　导入文本文档　　　　　　　图 3-51　编辑导入的文本

(7) 同在 Word 中编辑文字一样，编辑导入文本，将鼠标指针移动到该文档边框的右下角，当鼠标指针变为双向箭头形状时，拖动导入的文本框，调整其大小，如图 3-52 所示。

(8) 在幻灯片的空白处单击，退出编辑状态，此时幻灯片效果如图 3-53 所示。

图 3-52　调整导入文档

图 3-53　幻灯片效果

(9) 在快速访问工具栏中单击【保存】按钮💾，保存演示文稿。

3.4　编辑幻灯片中的文本

PowerPoint 2013 的文本编辑操作主要包括选择、复制、粘贴、剪切、撤销与重复、查找与替换等。掌握文本的编辑操作是进行文字属性设置的基础。

3.4.1　选定文本

用户在编辑文本之前，首先要选择文本，然后再进行复制、剪切等相关操作。在 PowerPoint 2013 中，常用的选择方式主要有以下几种。

- 当将鼠标指针移动至文字上方时，鼠标形状将变为 I 形状。在要选择文字的起始位置单击，进入文字编辑状态。此时按住鼠标左键，拖动鼠标到要选择文字的结束位置释放鼠标，被选择的文字将以高亮显示，如图 3-54 所示。
- 进入文字编辑状态，将光标定位在要选择文字的起始位置，按住 Shift 键，在需要选择的文字的结束位置单击，然后松开 Shift 键，此时在第一次单击位置和按住鼠标左键位置之间的文字都将被选中。
- 进入文字编辑状态，利用键盘上的方向键，将闪烁的光标定位到需要选择的文字前，按住 Shift 键，使用方向键调整要选中的文字，此时光标划过的文字都将被选中。
- 当需要选择一个语义完整的词语时，在需要选择的词语上双击，PowerPoint 就将自动选择该词语，如双击选择"目标"等。

图 3-54 使用鼠标选定文本

- 如果需要选择当前文本框或文本占位符中的所有文字,那么可以在文本编辑状态下打开【开始】选项卡,在【编辑】组中单击【选择】按钮右侧的下拉箭头,在弹出的菜单中选择【全选】命令即可。
- 在一个段落中连续单击 3 次,可以选择整个段落。
- 当单击占位符或文本框的边框时,整个占位符或文本框将被选中,此时占位符中的文本不以高亮显示,但具有与被选中文本相同的特性,可以为选中的文字设置字体、字号等属性。

③.4.2 复制与移动文本

在 PowerPoint 2013 中,复制和剪切的内容可以是当前编辑的文本,也可以是图片、声音等其他对象。使用这些操作,可以帮助用户创建重复的内容,或者把一段内容移动到其他位置。

1. 复制并粘贴文本

首先选中需要复制的文字,打开【开始】选项卡,在【剪贴板】组中单击【复制】按钮 ,这时选中的文字将复制到 Windows 剪贴板上。然后将光标定位到需要粘贴的位置,单击【剪贴板】组中的【粘贴】按钮,复制的内容将被粘贴到新的位置。

此外,选中需要复制的文本后,用户也可以使用 Ctrl+C 组合键完成复制操作,使用 Ctrl+V 组合键完成粘贴操作。

2. 剪切并粘贴文本

剪切操作主要用来移动一段文字。当选中要移动的文字后,在【开始】选项卡的【剪贴板】组中单击【剪切】按钮 ,这时被选中的文字将被剪切到 Windows 剪贴板上,同时原位置的文本消失。将光标定位到新位置后,单击【剪贴板】组中的【粘贴】按钮,就可以将剪切的内容粘贴到新的位置,从而实现文字的移动。

 提示 -

选中需要移动的文字,当鼠标指针再次移动到被选中的文字上方时,鼠标指针将由 I 形状变为 形状,这时可以向目标位置拖动文字。在拖动文字时,鼠标指针下方将出现一个矩形 。释放鼠标,即可完成移动操作。

③.4.3　查找与替换文本

当需要在较长的演示文稿中查找某一个特定内容，或在查找到特定内容后将其替换为其他内容时，可以使用 PowerPoint 2013 提供的【查找】和【替换】功能。

1. 查找文本

在【开始】选项卡的【编辑】组中单击【查找】按钮，可以打开【查找】对话框，如图 3-55 所示。

图 3-55　打开【查找】对话框

在【查找】对话框中，各选项的功能说明如下。

- 【查找内容】下拉列表框：用于输入所要查找的内容。
- 【区分大小写】复选框：选中该复选框，在查找时需要完全匹配由大小写字母组合而成的单词。
- 【全字匹配】复选框：选中该复选框，PowerPoint 只查找用户输入的完整单词或字母，而 PowerPoint 默认的查找方式是非严格匹配查找，即该复选框未选中时的查找方式。例如，在【查找内容】下拉列表框中输入文字"计算"时，如果选中该复选框，系统仅会严格查找该文字，而对"计算机"、"计算器"等词忽略不计；如果未选中该复选框，系统则会对所有包含输入内容的词进行查找统计。
- 【区分全/半角】复选框：选中该复选框，在查找时将自动区分全角字符与半角字符。
- 【查找下一个】按钮：单击该按钮开始查找。当系统找到第一个满足条件的字符后，该字符将高亮显示，这时可以再次单击【查找下一个】按钮，继续查找到其他满足条件的字符。

2. 替换文本

PowerPoint 2013 中的替换功能包括替换文本内容和替换字体。在【开始】选项卡的【编辑】组中单击【替换】按钮右侧的下拉箭头，在弹出的菜单中选择相应命令即可。

【例 3-7】在【论文答辩】演示文稿中，查找文本"论文"，并替换为文本"文章"。

(1) 启动 PowerPoint 2013 应用程序，打开【论文答辩】演示文稿。

(2) 打开【开始】选项卡，在【编辑】组中单击【查找】按钮，打开【查找】对话框。

(3) 在【查找内容】文本框中输入文本"论文"，然后单击【查找下一个】按钮，此时，PowerPoint 以高亮显示满足条件的文本，如图 3-56 所示。

(4) 继续单击多次【查找下一个】按钮，PowerPoint 将继续对符合条件的文本进行查找。当全部查找完成后，系统将打开信息提示对话框，提示对演示文稿搜索完毕，单击【确定】按钮，如图 3-57 所示。

图 3-56 查找文本

图 3-57 提示查找结束

(5) 返回至【查找】对话框，单击【替换】按钮，打开【替换】对话框，在【替换为】下拉列表框中输入文字"文章"，选中【全字匹配】复选框，单击【全部替换】按钮，如图 3-58 所示。

(6) 即可一次性完成所有满足条件的文本的替换，同时打开 Microsoft PowerPoint 对话框，提示用户完成多少处的文本替换，单击【确定】按钮，如图 3-59 所示。

图 3-58 【替换】对话框

图 3-59 提示文本替换数量

(7) 返回至【替换】对话框，单击【关闭】按钮，完成替换，返回幻灯片编辑窗口，即可查看替换后的文本，如图 3-60 所示。

图 3-60 替换文本后的演示文稿

(8) 在快速访问工具栏中单击【保存】按钮，保存演示文稿。

另外，选择【开始】选项卡，在【编辑】组中单击【替换】按钮右侧的下拉箭头，在弹出的菜单中选择【替换字体】命令，打开【替换字体】对话框，如图 3-61 所示。在【替换为】下拉列表框中选择要替换为的字体，单击【替换】按钮，此时选中的占位符中的文字字体将被替换。

图 3-61　打开【替换字体】对话框

③.4.4　撤销与恢复文本

撤销和恢复是编辑演示文稿中常用的操作，【撤销】命令对应的快捷键是 Ctrl+Z，【恢复】命令对应的快捷键是 Ctrl+Y。

通常，在进行编辑工作时难免会出现误操作，如误删除文本或者错误地进行剪切、设置等，这时可以通过【撤销】功能将其返回到该步骤操作前的状态。

在快速访问工具栏中单击【撤销】按钮 ，就可以撤销前一步的操作。默认情况下，PowerPoint 2013 可以撤销前 20 步操作，如图 3-62。在【PowerPoint 选项】对话框的【高级】选项卡中可以设置撤销次数，如图 3-63 所示。

图 3-62　选择撤销的操作　　　　　　图 3-63　【高级】选项卡

与【撤销】按钮功能相反的是【恢复】按钮 ，它可以恢复用户撤销的操作。在快速访问工具栏中也能直接找到该按钮。

知识点

在 PowerPoint 2013 中，当遇到不需要的文本时，可以将其删除。其操作方法为：选取要删除的文本，按 Backspace 键或 Delete 键即可。

③.5 设置文本格式

为了使演示文稿更加美观、清晰，通常需要对文本格式进行设置，包括字体、字号、字体颜色、字符间距及文本效果等设置。在 PowerPoint 2013 中，当幻灯片应用了版式后，幻灯片中的文字也具有预先定义的属性。但在很多情况下，用户仍然需要按照自己的要求对文本格式重新进行设置。

③.5.1 设置字体格式

在 PowerPoint 2013 中，为幻灯片中的文字设置合适的字体、字号、字形和字体颜色等，可以使幻灯片的内容清晰明了。通常情况下，设置字体、字号、字形和字体颜色的方法有 3 种：通过【字体】组设置、通过浮动工具栏设置和通过【字体】对话框设置。

1. 通过【字体】组设置

在 PowerPoint 2013 中，选择相应的文本，打开【开始】选项卡，在如图 3-64 所示的【字体】组中可以设置字体、字号、字形和颜色。

2. 通过浮动工具栏设置

选择要设置的文本后，PowerPoint 2013 会自动弹出如图 3-65 所示的【格式】浮动工具栏，或者右击选取的字符，也可以打开【格式】浮动工具栏。在该浮动工具栏中设置字体、字号、字形和字体颜色。

图 3-64 【字体】选项组

图 3-65 浮动工具栏

3. 通过【字体】对话框设置

选择相应的文本，打开【开始】选项卡，在【字体】组中单击对话框启动器，打开【字体】对话框的【字体】选项卡，在其中设置字体、字号、字形和字体颜色。

【例3-8】在【论文答辩】演示文稿中，设置幻灯片中文本的字体格式。

(1) 启动 PowerPoint 2013 应用程序，打开【论文答辩】演示文稿。

(2) 选择第 2 张幻灯片，选择标题占位符，在【开始】选项卡的【字体】组中【字体】下拉列表中选择【方正综艺简体】选项，在【字号】下拉列表中选择【32】选项，单击【字体颜色】按钮，从弹出的颜色面板中选择【白色】色块，单击【文字阴影】按钮s，此时标题文本将自动应用设置的字体格式，效果如图 3-66 所示。

（3）选中副标题文本，在弹出的浮动工具栏的【字体】下拉列表中选择【黑体】选项，在【字号】下拉列表中选择 20，单击【字体颜色】按钮，从弹出的颜色面板中选择【绿色】色块，此时副标题文本效果如图 3-67 所示。

图 3-66　设置标题占位符中的文本格式

图 3-67　设置副标题文本格式

（4）选中文本框中的文本，在【开始】选项卡的【字体】组中单击对话框启动器 ⌐，打开【字体】对话框。

（5）选择【字体】选项卡，在【中文字体】下拉列表框中选择【微软雅黑】选项，在【字体样式】下拉列表框中选择【加粗】选项，在【大小】微调框中输入 18，在【下划线线型】下拉列表框中选择【粗线】选项，在【下划线颜色】下拉面板中选择【黑色】色块，如图 3-68 所示。

（6）单击【确定】按钮，完成字体格式设置，此时文本框中文本的效果如图 3-69 所示。

图 3-68　【字体】对话框

图 3-69　文本框中文本的效果

（7）选中第 4 张幻灯片，选中标题占位符中的文本“论文绪论”，如图 3-70 所示。

（8）在【开始】选项卡的【字体】组中单击对话框启动器 ⌐，打开【字体】对话框，选择【字体】选项卡，在【中文字体】下拉列表框中选择【微软雅黑】选项，在【字体样式】下拉列表框中选择【加粗】选项，在【大小】微调框中输入 78，如图 3-71 所示。

（9）在【字体】对话框中单击【确定】按钮后，标题占位符中的文本效果如图 3-72 所示。

(10) 使用同样的方法设置其他幻灯片中文本的格式，完成后效果如图 3-73 所示。

图 3-70　选中标题文本

图 3-71　设置【字体】选项卡

图 3-72　标题文本效果

图 3-73　设置幻灯片中文本的格式

(11) 在快速访问工具栏中单击【保存】按钮🔳，保存演示文稿。

③.5.2　设置字符间距

　　字符间距是指幻灯片中字与字之间的距离。在通常情况下，文本是以标准间距显示的，这样的字符间距适用于绝大多数文本，但有时候为了创建一些特殊的文本效果，需要扩大或缩小字符间距。

　　【例 3-9】在【论文答辩】演示文稿中，为幻灯片中文本设置字符间距。

　　(1) 启动 PowerPoint 2013 应用程序，打开【论文答辩】演示文稿。

　　(2) 选中第 5 张幻灯片中文本框内的文本，打开【开始】选项卡，在【字体】组中单击对话框启动器Ⅳ，如图 3-74 所示，打开【字体】对话框。

　　(3) 选择【字符间距】选项卡，在【间距】下拉列表中选择【加宽】选项，在【度量值】微调框中输入 5，单击【确定】按钮，如图 3-75 所示。

图 3-74 选中文本框中的文本

图 3-75 【字符间距】选项卡

(4) 此时，标题占位符中的字与字之间的距离将扩大 5 磅，效果如图 3-76 所示。

(5) 选中第 1 张幻灯片中标题占位符中的文本，然后在【开始】选项卡的【字体】组中单击【字符间距】按钮，在弹出的下拉列表中选中【很松】选项，如图 3-77 所示。

图 3-76 设置文本框中文本字符间距

图 3-77 设置标题文本间距

(6) 在快速访问工具栏中单击【保存】按钮，保存演示文稿。

3.6 设置段落格式

段落格式包括段落对齐、段落缩进及段落间距设置等。掌握了在幻灯片中编排段落格式的操作方法后，就可以为整个演示文稿设置风格相符的段落格式。

3.6.1 设置段落对齐方式

段落对齐是指段落边缘的对齐方式，包括左对齐、右对齐、居中对齐、两端对齐和分散对齐。这 5 种对齐方式说明如下。

- 左对齐：左对齐时，段落左边对齐，右边参差不齐。
- 右对齐：右对齐时，段落右边对齐，左边参差不齐。
- 居中对齐：居中对齐时，段落居中排列。
- 两端对齐：两端对齐时，段落左右两端都对齐分布，但是段落最后不满一行的文字右边是不对齐的。
- 分散对齐：分散对齐时，段落左右两边均对齐，而且当每个段落的最后一行不满一行时，将自动拉开字符间距使该行均匀分布。

设置段落格式时，首先选定要对齐的段落，然后在【开始】选项卡的【段落】组中可分别单击【左对齐】按钮▤、【右对齐】按钮▤、【居中对齐】按钮▤、【两端对齐】按钮▤和【分散对齐】按钮▤，如图 3-78 所示。

图 3-78　【开始】选项卡的【段落】选项组

【例 3-10】在【论文答辩】演示文稿中，为幻灯片段落设置对齐方式。

(1) 启动 PowerPoint 2013 应用程序，打开【论文答辩】演示文稿，在第 1 张幻灯片中选中标题占位符，如图 3-79 所示。

(2) 在【开始】选项卡的【段落】组中单击【居中对齐】按钮▤，设置正标题居中对齐，效果如图 3-80 所示。

图 3-79　选中标题占位符

图 3-80　设置标题文本居中对齐

(3) 选中副标题占位符，在【段落】组中单击【左对齐】按钮▤，设置副标题右对齐，效果如图 3-81 所示。

(4) 选中文本框，在【段落】组中单击【分散对齐】按钮▤，设置文本框中的文本分散对齐，效果如图 3-82 所示。

图 3-81　设置副标题文本左对齐

图 3-82　设置文本框中文本分散对齐

(5) 使用同样的方法，设置演示文稿中其他幻灯片中文本段落的对齐方式。

(6) 在快速访问工具栏中单击【保存】按钮▤，保存演示文稿。

3.6.2　设置段落缩进

在 PowerPoint 2013 中，可以设置段落与占位符或文本框左边框的距离，也可以设置首行缩进和悬挂缩进。使用【段落】对话框可以准确地设置缩进尺寸，在功能区单击【段落】组中的对话框启动器▫，打开【段落】对话框，在其中可以设置缩进值。

【例 3-11】在【论文答辩】演示文稿中，为幻灯片中的段落设置缩进方式。

(1) 打开【论文答辩】演示文稿，在第 5 张幻灯片中选中文本框中的文本。

(2) 打开【开始】选项卡，单击【段落】组中的对话框启动器▫，打开【段落】对话框。在【缩进】选项区域的【文本之前】微调框中输入"0.3 厘米"；在【特殊格式】下拉列表框中选择【首行缩进】选项，并在其后的【度量值】微调框中输入"1.1 厘米"，如图 3-83 所示。

(3) 单击【确定】按钮，完成设置，此时幻灯片效果如图 3-84 所示。

图 3-83　选中段落

图 3-84　【段落】对话框

(4) 在快速访问工具栏中单击【保存】按钮▤，保存演示文稿。

3.6.3 设置段落间距

在 PowerPoint 2013 中，设置行距可以改变 PowerPoint 默认的行距，使演示文稿中的内容条理更为清晰。选择需要设置行距的段落，在【开始】选项卡的【段落】组中单击【行距】按钮，在弹出的菜单中选择需要的命令即可改变默认行距。如果在菜单中选择【行距选项】命令，打开【段落】对话框，在其中【间距】选项区域中可以设置段落的行距。

【例 3-12】在【论文答辩】演示文稿中，为幻灯片中的段落设置段间距和行间距。

(1) 启动 PowerPoint 2013 应用程序，打开【论文答辩】演示文稿，在第 1 张幻灯片中选中文本框内如图 3-85 所示的文本。

(2) 在【开始】选项卡的【段落】组中单击【行距】按钮，在弹出的下拉列表中选择 1.0，即可更改段落行距，如图 3-86 所示。

计算机基础与实训教材系列

图 3-85　选中文本框中的文本

图 3-86　更改段落行距

(3) 在幻灯片预览窗口中选择第 2 张幻灯片缩略图，将其显示在幻灯片编辑窗口中。

(4) 选中副标题占位符中的文本，在【段落】组中单击【行距】按钮，在菜单中选择【行距选项】命令，打开【段落】对话框。

(5) 在【间距】选项区域中，在【段前】和【段后】微调框中输入 "3 磅"，单击【行距】下拉按钮，从弹出的下拉列表中选择【1.5 倍行距】选项，单击【确定】按钮，如图 3-87 所示。

(6) 此时占位符中的文本将以设置的段间距和行距显示，效果如图 3-88 所示。

图 3-87　设置段间距和行距

图 3-88　显示设置后的段落间距

(7) 在快速访问工具栏中单击【保存】按钮 ，保存演示文稿。

在【段落】对话框中，选择如图 3-89 所示的【中文版式】选项卡，在【常规】选项区域中可以设置段落的换行格式。在其中，选中【允许西文在单词中间换行】复选框，可以使行尾的单词有可能被分为两部分显示；选中【允许标点溢出边界】复选框，可以使行尾的标点位置超过文本框边界而不会换到下一行；单击【选项】按钮，可以打开【PowerPoint 选项】对话框的【版式】选项卡，如图 3-90 所示，设置首尾字符。

图 3-89 【中文版式】选项卡

图 3-90 【PowerPoint 选项】对话框

计算机 基础与实训教材系列

3.6.4 设置分栏显示文本

分栏的作用是将文本段落按照两列或更多列的方式排列。下面将以具体实例来介绍设置分栏显示文本的方法。

【例 3-13】在【论文答辩】演示文稿中，设置分栏显示占位符中的文本。

(1) 启动 PowerPoint 2013 应用程序，打开【论文答辩】演示文稿，在第 15 张幻灯片中选中文本框中的文本，如图 3-91 所示。

(2) 在【开始】选项卡的【段落】组中单击【添加或删除列】按钮 ，从弹出的下拉列表中选择【更多栏】选项，如图 3-92 所示。

图 3-91 选中文本框中的文本

图 3-92 【添加或删除列】下拉列表

（3）打开【分栏】对话框，在数字微调框中输入2，在【间距】微调框中输入"0.5厘米"，单击【确定】按钮，如图3-93所示。

（4）此时，文本占位符中的文本将分两栏显示，设置文本字号为16，拖动鼠标调节占位符的大小，效果如图3-94所示。

图 3-93 【分栏】对话框

图 3-94 分栏显示文本框中的文本

3.7 使用项目符号和编号

在PowerPoint 2013演示文稿中，为了使某些内容更为醒目，经常需要设置项目符号和编号。项目符号用于强调一些特别重要的观点或条目，从而使主题更加美观、突出；而使用编号，可以使主题层次更加分明、有条理。

3.7.1 设置项目符号

项目符号在演示文稿中使用的频率很高。在并列的文本内容前都可添加项目符号，默认的项目符号以实心圆点形状显示。要添加项目符号，则将光标定位在目标段落中，在【开始】选项卡的【段落】组中单击【项目符号】按钮☰·右侧的下拉箭头，弹出如图3-95所示的项目符号菜单，在该菜单中选择需要使用的项目符号命令即可。若在项目符号菜单中选择【项目符号和编号】命令，打开【项目符号和编号】对话框，如图3-96所示，在其中可供选择的项目符号类型共有7种。

图 3-95 【项目符号】下拉菜单

图 3-96 【项目符号和编号】对话框

此外，PowerPoint 还可以将图片或系统符号库中的各种字符设置为项目符号，这样丰富了项目符号的形式。在【项目符号和编号】对话框中单击【图片】按钮，将打开【插入图片】对话框，如图 3-97 所示；单击【自定义】按钮，将打开【符号】对话框，如图 3-98 所示。

图 3-97　【插入图片】对话框

图 3-98　【符号】对话框

【例3-14】在【论文答辩】演示文稿中，为幻灯片中的文本设置项目符号。

(1) 启动 PowerPoint 2013 应用程序，打开【论文答辩】演示文稿。

(2) 在幻灯片预览窗口中选择第 2 张幻灯片缩略图，将其显示在幻灯片编辑窗口中，如图 3-99 所示。

(3) 选中副标题占位符，在【开始】选项卡的【段落】组中单击【项目符号】按钮 右侧的下拉箭头，从弹出的菜单中选择【项目符号和编号】命令，打开【项目符号和编号】对话框。

(4) 单击【图片】按钮，打开如图 3-97 所示的【插入图片】对话框，然后在该对话框中单击【浏览】选项，打开【插入图片】对话框。

(5) 在【插入图片】对话框中选择要作为项目符号的图片，然后单击【插入】按钮，如图 3-100 所示。

图 3-99　选中副标题占位符

图 3-100　选择项目符号图片

(6) 此时，添加的图片将作为项目符号显示在幻灯片中，效果如图 3-101 所示。

(7) 在幻灯片预览窗口中选择第 3 张幻灯片缩略图，将其显示在幻灯片编辑窗口中。

(8) 选中文本占位符，如图 3-102 所示，使用同样的方法，打开【项目符号和编号】对话框，单击【自定义】按钮。

图 3-101　添加图片项目符号

图 3-102　选中第 3 张幻灯片中的文本

(9) 打开【符号】对话框，在【字体】下拉列表框中选择 Wingdings 选项，在其下的列表框中选择一种手形，单击【确定】按钮，如图 3-103 所示。

(10) 返回【项目符号和编号】对话框，单击【确定】按钮，符号将作为项目符号显示在幻灯片中，效果如图 3-104 所示。

图 3-103　【符号】对话框

图 3-104　在幻灯片中显示自定义符号

(11) 在快速访问工具栏中单击【保存】按钮■，保存演示文稿。

③.7.2　设置编号

在默认状态下，项目编号是由阿拉伯数字构成。在【开始】选项卡的【段落】组中单击【编号】按钮ⅲ·右侧的下拉箭头，在弹出的编号菜单选择内置的编号样式，如图 3-105 所示。

PowerPoint 还允许用户使用自定义编号样式。打开【项目符号和编号】对话框的【编号】选项卡，可以根据需要选择和设置编号样式，如图 3-106 所示。

图 3-105　【编号】下拉菜单　　　　　　　　图 3-106　【编号】选项卡

【例 3-15】在【论文答辩】演示文稿中，为幻灯片中的文本设置编号。

(1) 启动 PowerPoint 2013 应用程序，打开【论文答辩】演示文稿。

(2) 在幻灯片预览窗口中选择第 3 张幻灯片缩略图，将其显示在幻灯片编辑窗口中。

(3) 选中文本占位符，在【开始】选项卡的【段落】组中单击【编号】按钮右侧的下拉箭头，从弹出的菜单中选择【项目符号和编号】命令，打开【项目符号和编号】对话框。

(4) 打开【编号】选项卡，在中间的列表框中选择一种圆圈编号样式，单击【颜色】右侧的下拉按钮，从弹出的颜色面板中选择【红色】色块，单击【确定】按钮，如图 3-107 所示。

(5) 此时，将在幻灯片中显示自定义设置的编号，效果如图 3-108 所示。

图 3-107　设置编号样式　　　　　　　　　图 3-108　在幻灯片中显示编号

(6) 在快速访问工具栏中单击【保存】按钮，保存演示文稿。

③.8　上机练习

本章的上机练习主要练习在 PowerPoint 2013 中制作演示文稿，使用户更好地掌握输入文本、设置文本格式、设置项目符号等基本操作方法和技巧。

(1) 启动 PowerPoint 2013 应用程序，打开一个空白演示文稿，单击【文件】按钮，从弹出的

【文件】菜单中选择【新建】命令，在中间的窗格中选择【自定义】选项，如图 3-109 所示。

(2) 在打开的【自定义】选项区域中单击【自定义 Office 模板】文件夹，双击需要使用的模板，单击【创建】按钮，如图 3-110 所示，使用模板创建演示文稿。

图 3-109　【新建】选项区域　　　　　　　　图 3-110　使用模板创建演示文稿

(3) 演示文稿默认打开第 1 张幻灯片，选中主标题文字"绿色栽培"，在【开始】选项卡的【字体】组中设置字体为【黑体】、字形为【加粗】、字体颜色为【白色】、字号为 32，如图 3-111 所示。

图 3-111　设置主标题文字格式

(4) 选中副标题文字"适用于绿色花园的设计与构思 我们的花园"，设置字体为【华文新魏】、字号为 11、字体颜色为【黄色】，如图 3-112 所示。

(5) 在幻灯片预览窗格中选择第 2 张幻灯片缩略图，将其显示在幻灯片编辑窗口中，如图 3-113 所示。

(6) 选中幻灯片中的文本"虎尾兰"，设置字体为【华文行楷】、字体颜色为【深蓝】、字号为 60。

(7) 选中文本框中的内容文本，在【字体】组中单击【字符间距】按钮，在弹出的下拉列表中选中【稀疏】选项，如图 3-114 所示。

(8) 在幻灯片预览窗格中选择第 3 张幻灯片缩略图，在文本框中输入文本 "(生长最适宜的温度为 15—5C)" ，如图 3-115 所示。

图 3-112　设置副标题文字格式

图 3-113　选中第 2 张幻灯片

图 3-114　设置字符间距

图 3-115　输入文本

(9) 将鼠标指针插在输入文本 5 和 C 之间，选择【加载项】选项卡，单击【特殊符号】选项，如图 3-116 所示。

(10) 打开【插入特殊符号】对话框，在【单位符号】选项卡的符号列表中选择第一个符号，如图 3-117 所示，然后单击【确定】按钮。

图 3-116　【加载项】选项卡

图 3-117　【插入特殊符号】对话框

(11) 选中在文本框中插入的特殊符号，如图 3-118 所示。

(12) 在【开始】选项卡的【字体】组中单击【字符间距】按钮，在弹出的下拉列表中选中【其他间距】选项。

(13) 在打开的【字符间距】选项卡中单击【间距】下拉列表按钮，在弹出的下拉列表中选中【紧缩】选项，在【度量值】文本框中输入参数 8，如图 3-119 所示，然后单击【确定】按钮。

图 3-118　选中特殊符号

图 3-119　【字符间距】选项卡

(14) 选中内容文本框中的文本"芦荟"，在【开始】选项卡的【剪贴板】组中单击【格式刷】按钮，然后在文本"(生长最适宜的温度为 15—5°C)"上拖动，如图 3-120 所示，复制文本格式。

(15) 在幻灯片预览窗格中选择第 4 张幻灯片缩略图，然后选中如图 3-121 所示的文本。

图 3-120　使用格式刷复制字体格式

图 3-121　选中第 4 张幻灯片中的文本

(16) 在【开始】选项卡的【段落】组中单击【项目符号】下拉列表按钮，在弹出的下拉列表中选中【项目符号和编号】选项，打开【项目符号】选项卡。

(17) 在打开的【项目符号】选项卡中单击【图片】按钮，如图 3-122 所示，打开【插入图片】对话框。

(18) 在【插入图片】对话框中单击【来自文件】选项后的【浏览】选项，如图 3-123 所示。

图 3-122　【项目符号】选项卡

图 3-123　【插入图片】对话框

(19) 在打开的对话框中选中一个图片文件，然后单击【插入】按钮，即可在选中的文本上添加图片项目符号，效果如图 3-124 所示。

图 3-124　设置图片项目符号

(20) 在幻灯片预览窗格中选择第 5 张幻灯片缩略图，并选中内容文本框中的文本，在【段落】文本框中单击【编号】按钮，在弹出的下拉列表中选中一种编号样式，如图 3-125 所示。

(21) 此时，将在选中的文本上应用如图 3-126 所示的编号效果。

图 3-125　【编号】下拉列表

图 3-126　设置编号

计算机 基础与实训教材系列

(22) 使用同样的方法，设置演示文稿其他幻灯片中的文本效果，如图 3-127 所示。

图 3-127　设置其他幻灯片中的文本格式

(23) 在快速访问工具栏中单击【保存】按钮💾，保存演示文稿。

③.9　习题

1. 在幻灯片中插入一个横排文本框，并输入文本"注册商标：©2016-2018 aier™"。
2. 新建一个空白演示文稿，在幻灯片中插入横排文本框，并设置其顺时针旋转 45°。

第4章

使用与设置图片样式

学习目标

使用 PowerPoint 2013 可以通过互联网搜索大量的联机图片，在幻灯片中添加图片，可以丰富幻灯片的版面效果，更生动形象地阐述主题和表达思想。在插入图片时，用户需要注意图片内容与幻灯片之间的联系，使图片内容与主题之间形成统一。

本章重点

- ◉　在幻灯片中插入联机图片
- ◉　在幻灯片中插入本地图片
- ◉　使用和编辑图片
- ◉　在幻灯片中插入屏幕截图
- ◉　制作电子相册演示文稿

④.1　使用图片

在演示文稿中使用图片，可以更生动形象地阐述其主题和所需表达的思想。在插入图片时，要充分考虑幻灯片的主题，使图片和主题和谐一致。

④.1.1　插入联机图片

在 PowerPoint 2013 中，对于联机图片的插入操作来说，用户可以选择从占位符或非占位符两种途径来选择插入。

1. 在非占位符中插入

要在非占位符中插入联机图片，用户可以打开【插入】选项卡，在【图像】组中单击【联机图片】按钮，打开【插入图片】对话框，如图 4-1 所示。在该对话框中的文本框内输入需要查找的图片主题名称，然后按下 Enter 键即可通过互联网查找与之相对应的图片，如图 4-2 所示。

图 4-1　【插入图片】对话框

图 4-2　联机图片搜索结果

在联机图片的搜索结果列表中，选中一张图片后，单击对话框中的【插入】按钮，即可将该图片插入幻灯片中，如图 4-3 所示。

图 4-3　在非占位符中插入联机图片

2. 在占位符中插入

PowerPoint 2013 的很多版式都提供图片、形状、表格、图表等的占位符，利用这些版式可以快速地插入相应的对象。

【例 4-1】在占位符中插入联机图片。

(1) 在 PowerPoint 中打开演示文稿后，在【开始】选项卡的【幻灯片】组中单击【新建幻灯片】按钮，在弹出的下拉列表中选中【标题和内容】选项，如图 4-4 所示。

(2) 在幻灯片预览窗格中选择第 2 张幻灯片缩略图，将其显示在幻灯片编辑窗口中。

(3) 单击内容占位符中的【联机图片】按钮，如图 4-5 所示，打开【插入图片】对话框。

(4) 在【插入图片】对话框中的文本框内输入需要通过互联网搜索的图片关键字，如"汽车"，然后按下 Enter 键。

(5) 在搜索结果中选中一张图片，然后单击【插入】按钮，如图 4-6 所示。

(6) 此时，PowerPoint 将通过互联网搜索相应的图片并将其插入至幻灯片内容占位符中，效果如图 4-7 所示。

图 4-4　插入幻灯片

图 4-5　内容占位符

图 4-6　【插入】对话框

图 4-7　在占位符中插入联机图片

(7) 在快速访问工具栏中单击【保存】按钮 🔲，保存演示文稿。

4.1.2　插入来自文件的图片

在演示文稿的幻灯片中可以插入磁盘中的图片。这些图片可以是 BMP 位图，也可以是由其他应用程序创建的图片，从因特网下载的或通过扫描仪及数码相机输入的图片等。

打开【插入】选项卡，在【图像】组中单击【图片】按钮，打开【插入图片】对话框，选择需要的图片后，单击【插入】按钮即可。

【例 4-2】在【绿色栽培】演示文稿中，插入来自文件的图片。

(1) 启动 PowerPoint 2013 应用程序，打开【绿色栽培】演示文稿。

(2) 在左侧的幻灯片预览窗格中选择第 1 张幻灯片缩略图，将其显示在幻灯片编辑窗口中，在幻灯片中输入文本，效果如图 4-8 所示。

(3) 打开【插入】选项卡，在【图像】组中单击【图片】按钮，如图 4-9 所示，打开【插入图片】对话框。

图 4-8 在第 1 张幻灯片中输入文本

图 4-9 【图像】选项组

(4) 在【查找范围】下拉列表中选择文件路径，在文件列表中选中要插入的图片，然后单击【插入】按钮，如图 4-10 所示。

(5) 此时，图片将被添加到幻灯片中，如图 4-11 所示。

图 4-10 在第 1 张幻灯片中输入文本

图 4-11 【图像】选项组

(6) 将鼠标指针放置在图片四周的控制点上，当指针变为 形状时，进行拖动，调整图片的大小，如图 4-12 所示。

(7) 使用同样的方法，在幻灯片中插入图片并调整图片的大小，如图 4-13 所示。

图 4-12 调整图片的大小

图 4-13 在幻灯片中插入多张图片

（8）将鼠标指针放置在幻灯片中插入的图片上，当指针形状变为十字后，拖动调整图片的位置，如图 4-14 所示。

（9）在幻灯片空白处右击，在弹出的菜单中选中【设置背景格式】命令，显示【设置背景格式】窗格。

（10）单击【颜色】下拉列表按钮，在弹出的颜色选择菜单中选中【其他颜色】命令，如图 4-15 所示。

图 4-14　调整图片的位置

图 4-15　【设置背景格式】窗格

（11）打开【颜色】对话框，选择【自定义】选项卡，【颜色模式】选择 RGB，在【红色】文本框中输入参数 198，在【绿色】文本框中输入参数 220，在【蓝色】文本框中输入参数 86，如图 4-16 所示。

（12）单击【确定】按钮，为第 1 张幻灯片设置如图 4-17 所示的背景效果。

图 4-16　【颜色】对话框

图 4-17　设置幻灯片背景

（13）使用同样的方法，在左侧的幻灯片预览窗格中选择第 2 张和第 3 张幻灯片缩略图，在幻灯片中插入图片并设置幻灯片背景颜色，如图 4-18 所示。

图 4-18　在幻灯片中插入图片

(14) 在快速访问工具栏中单击【保存】按钮，保存演示文稿。

4.1.3　插入屏幕截图

PowerPoint 2013 新增了屏幕截图功能，使用该功能可以在幻灯片中插入屏幕截取的图片。

打开【插入】选项卡，在【插图】组中单击【屏幕截图】按钮，从弹出的菜单中选择【屏幕剪辑】选项，进入屏幕截图状态，拖动截取所需的图片区域即可。

【例 4-3】在【绿色栽培】演示文稿中插入屏幕截图。

(1) 启动 PowerPoint 2013 应用程序，打开【绿色栽培】演示文稿和一张图片文档。

(2) 在左侧的幻灯片预览窗格中选择第 3 张幻灯片缩略图，将其显示在幻灯片编辑窗口中，如图 4-19 所示。

(3) 打开【插入】选项卡，在【插图】组中单击【屏幕截图】按钮，从弹出的下拉列表中选择【屏幕剪辑】选项，如图 4-20 所示。

图 4-19　选中第 3 张幻灯片　　　　　　图 4-20　【屏幕截图】下拉列表

(4) 进入屏幕截图状态，拖动至打开的图片文档上，截取所需的图片区域，如图 4-21 所示。

(5) 此时，即可将图片截图区域插入至幻灯片中，效果如图 4-22 所示。

图 4-21　选择截屏区域　　　　　　　　　图 4-22　在幻灯片中插入屏幕截图

(6) 调整图片在幻灯片中的位置，在快速访问工具栏中单击【保存】按钮，保存演示文稿。

4.2　设置图片格式

在演示文稿中插入图片后，PowerPoint 会自动打开【图片工具】的【格式】选项卡，如图 4-23 所示。使用相应功能工具按钮，可以调整图片位置和大小、裁剪图片、调整图片对比度和亮度、设置图片样式等。

图 4-23　【图片工具】的【格式】选项卡

【例 4-4】在【绿色栽培】演示文稿中设置图片格式。

(1) 启动 PowerPoint 2013 应用程序，打开【绿色栽培】演示文稿。

(2) 在第 1 张幻灯片编辑窗口中选中最左侧的图片，打开【图片工具】的【格式】选项卡，在【大小】组中的【宽度】微调框中分别输入"5 厘米"，此时会自动调整【高度】为"7.42 厘米"，如图 4-24 所示。

图 4-24　设置图片大小

(3) 将鼠标指针移动到图片上，待鼠标指针变成十字形状时，拖动至合适的位置，释放鼠标，此时剪贴画将移动到目标位置上，效果如图 4-25 所示。

(4) 选中图片，在【调整】组中单击【更正】按钮，从弹出的【亮度和对比度】列表中选择【亮度：+20% 对比度：+20%】选项，如图 4-26 所示。

图 4-25　调整图片的位置

图 4-26　调整图片的亮度和对比度

(5) 此时，即可自动调整剪贴画亮度和对比度，效果如图 4-27 所示。

(6) 选中第 2 张幻灯片中的图片，在【格式】选项卡的【图片样式】选项组中单击【图片效果】按钮，在弹出的下拉列表中选中【三维旋转】|【极右极大透视】选项，如图 4-28 所示。

图 4-27　图片效果

图 4-28　设置图片三维旋转效果

(7) 选中图片，将鼠标移动到图片右上角的控制柄上，向左上角拖动，缩放图片的大小，然后拖动调节图片至合适的位置，如图 4-29 所示。

图 4-29　拖动图片控制柄调整图片

(8) 释放鼠标后，即可调整图片的大小，效果如图 4-30 所示。

(9) 选中第 3 张幻灯片中的图片，在【图片工具】的【格式】对话框中单击【删除背景】按钮，如图 4-31 所示。

图 4-30　调整图片效果　　　　　　　　　　图 4-31　删除图片背景

(10) 打开【背景消除】选项卡，单击【标记要保留的区域】按钮，在图片中绘制需要保留的区域，如图 4-32 所示。

图 4-32　绘制需要保留的图片区域

(11) 单击【标记要删除的区域】按钮，在图片中绘制删除的区域，然后单击【保留更改】按钮删除图片的背景，效果如图 4-33 所示。

图 4-33　删除图片的背景

(12) 在【格式】选项卡中单击【艺术效果】按钮，在弹出的下拉列表中选中一种艺术效果，如图 4-34 所示。

(13) 在【格式】选项卡中单击【压缩图片】按钮，打开【压缩图片】对话框，选中【仅应用于此图片】和【删除图片的剪裁区域】复选框，然后单击【确定】按钮，如图 4-35 所示。

图 4-34　设置图片艺术效果　　　　　　图 4-35　【压缩图片】对话框

(14) 在快速访问工具栏中单击【保存】按钮，保存演示文稿。

4.3　制作电子相册

随着数码相机的普及，使用计算机制作电子相册的用户越来越多。当没有制作电子相册的专门软件时，使用 PowerPoint 2013 也能轻松地制作出漂亮的电子相册。在商务应用中，电子相册同样适用于介绍公司的产品目录，或者分享图像数据及研究成果。

4.3.1　创建相册

要在幻灯片中新建相册，可以打开【插入】选项卡，在【图像】选项组中单击【相册】按钮，打开【相册】对话框，从本地磁盘的文件夹中选择相关的图片文件，单击【创建】按钮即可。在插入相册的过程中可以更改图片的先后顺序、调整图片的色彩明暗对比与旋转角度，以及设置图片的版式和相框形状等。

【例4-5】利用【绿色栽培】幻灯片中的图片，使用 PowerPoint 2013 制作一个相册。

(1) 启动 PowerPoint 2013 应用程序，打开一个空白演示文稿

(2) 打开【插入】选项卡，在【图像】选项组中单击【相册】按钮，打开【相册】对话框，单击【文件/磁盘】按钮，如图 4-36 所示。

(3) 在打开的【插入新图片】对话框中选中需要的图片，单击【插入】按钮，如图 4-37 所示。

(4) 返回到【相册】对话框，在【相册中的图片】列表中选择图片，单击和按钮，调节图片的位置，如图 4-38 所示。

(5) 在【相册版式】选项区域的【图片版式】下拉列表中选择【1 张图片】选项，在【相框形状】下拉列表中选择【圆角矩形】选项，在【主题】右侧单击【浏览】按钮，如图 4-39 所示。

图 4-36 【相册】对话框

图 4-37 【插入新图片】对话框

图 4-38 调节图片位置

图 4-39 选择相册版式

(6) 打开【选择主题】对话框，选择主题 Ion Boardroom.thmx，然后单击【选择】按钮，如图 4-40 所示。

(7) 返回到【相册】对话框，单击【创建】按钮，创建包含 6 张照片的电子相册，此时在演示文稿中显示相册封面和图片，如图 4-41 所示。

图 4-40 【选择主题】对话框

图 4-41 创建电子相册

④.3.2 编辑相册

对于建立的相册，如果不满意它所呈现的效果，可以在【插入】选项卡的【图像】选项组中单击【相册】按钮，在弹出的菜单中选择【编辑相册】命令，打开【编辑相册】对话框，重新修改相册顺序、图片版式、相框形状、演示文稿设计模板等相关属性。

【例4-6】在【例4-5】制作的演示文稿中重新设置相册格式，并修改文本。

(1) 继续【例4-5】的操作，打开【插入】选项卡，在【图像】选项组中单击【相册】按钮，从弹出的菜单中选择【编辑相册】命令，如图4-42所示，打开【编辑相册】对话框。

(2) 在【相册版式】选项区域中设置【图片版式】属性为【2张图片(带标题)】，并设置【相框形状】属性为【居中矩形阴影】，单击【更新】按钮，如图4-43所示。

图4-42 编辑相册

图4-43 【编辑相册】对话框

(3) 此时，即可在演示文稿中显示更新后的相册效果，如图4-44所示。

(4) 在第1张幻灯片输入标题和副标题文本，设置标题字体为【华文琥珀】，字号为54，字体效果为【阴影】，文本左对齐；设置副标题字体为【微软雅黑】，字号18，字体颜色为【梅红】，文本左对齐，如图4-45所示。

图4-44 相册效果

图4-45 设置标题和副标题文本

(5) 在左侧的幻灯片预览窗格中选择第2张幻灯片缩略图，将其显示在幻灯片编辑窗口中。

(6) 打开【插入】选项卡，单击【文本框】按钮，在幻灯片中插入两个横排文本框，然后拖动调节标题文本占位符的位置，然后在其中输入标题文本，设置其字体为【方正综艺简体】，字号为 54，字形为【加粗】。

(7) 使用同样的方法，在第 3 和第 4 张幻灯片中添加标题文本，设置其字体为【方正综艺简体】，字号为 54，字形为【加粗】，如图 4-46 所示。

图 4-46　设置第 3 张和第 4 张幻灯片

(8) 在快速访问工具栏中单击【保存】按钮，保存演示文稿。

④.4　上机练习

本章的上机练习主要练习制作城市景观相册，使用户更好地掌握插入图片、插入形状和创建相册的方法和技巧。

(1) 启动 PowerPoint 2013 应用程序，新建一个空白演示文稿。打开【插入】选项卡，在【图像】选项组中单击【相册】按钮，打开【相册】对话框，如图 4-47 所示。

(2) 在【相册】对话框中单击【文件/磁盘】按钮，打开【插入新图片】对话框，在图片列表中选中需要的图片，然后单击【插入】按钮，如图 4-48 所示。

图 4-47　打开【相册】对话框　　　　　　　图 4-48　【插入新图片】对话框

（3）返回【相册】对话框，单击【图片版式】下拉列表按钮，在弹出的下拉列表中选中【适应幻灯片尺寸】选项，如图 4-49 所示，然后单击【创建】按钮创建相册。

（4）按下 Delete 键，将默认创建的第 1 张幻灯片删除。此时，创建相册演示文稿的效果如图 4-50 所示。

（5）选择【插入】选项卡，在【图像】组中单击【图片】按钮，如图 4-51 所示。

（6）在打开的【插入图片】对话框中，选中一个图片文件后，单击【插入】按钮，如图 4-52 所示。

图 4-49　设置图片版式

图 4-50　创建相册演示文稿

图 4-51　【图像】选项组

图 4-52　【插入图片】对话框

（7）选中插入幻灯片中的图片，当鼠标指针变为十字形状后，进行拖动调整图片的位置，如图 4-53 所示。

（8）打开【插入】选项卡，在【文本】选项组中单击【文本框】按钮，在弹出的下拉列表中选中【横排文本框】选项。

（9）拖动，在幻灯片中绘制一个文本框，如图 4-54 所示。

（10）在绘制的文本框中输入文本"城市景观"，在【开始】选项卡的【字体】选项组中设置文本的字体大小为66、字体颜色为【白色】、字体为【黑体】，在【段落】选项组中单击【居中】按钮，设置文本居中，效果4-55 所示。

图 4-53　调整图片的位置

图 4-54　绘制文本框

图 4-55　设置文本框中的文本

（11）使用同样的方法，在幻灯片中继续插入文本框并输入文本，如图 4-56 所示。

（12）在左侧的幻灯片预览窗格中选择第 2 张幻灯片缩略图，打开【插入】选项卡，在【图像】组中单击【图片】按钮，在打开的【插入图片】对话框中选中如图 4-57 所示的两张图片，并单击【插入】按钮。

图 4-56　在第 1 张幻灯片中插入文本

图 4-57　选中两张图片

（13）调整幻灯片中插入图片的位置，然后在【插入】对话框的【文本】组中单击【文本框】

按钮，在幻灯片中插入横排文本框。

(14) 在幻灯片中的文本框内输入文本，参考步骤(10)的方法，设置文本的字体格式和段落格式，效果如图 4-58 所示。

(15) 在左侧的幻灯片预览窗格中选择第 3 张幻灯片缩略图，然后在第 3 张幻灯片中插入图片、文本框、文字，并分别设置格式，完成后效果如图 4-59 所示。

图 4-58　设置第 2 张幻灯片

图 4-59　设置第 3 张幻灯片

(16) 重复以上操作，在第 4~8 张幻灯片中分别插入图片和文本内容。

(17) 在快速访问工具栏中单击【保存】按钮，打开【另存为】选项区域，选中【计算机】选项，并单击【浏览】按钮。

(18) 打开【另存为】对话框，在【文件名】文本框中输入"城市景观"，然后单击【保存】按钮，将制作的相册演示文稿保存。

4.5　习题

1. 使用 PowerPoint 2013 在幻灯片中插入如图 4-60 所示的联机图片。

2. 在幻灯片中插入图片，设置图片样式为【矩形投影】，效果如图 4-61 所示。

图 4-60　在幻灯片中插入联机图片

图 4-61　设置幻灯片中的图片样式

美化幻灯片显示效果

⑤.1 认识母版

PowerPoint 2013 提供了 3 种母版，即幻灯片母版、讲义母版和备注母版。当需要设置幻灯片风格时，可以在幻灯片母版视图中进行设置；当需要将演示文稿以讲义形式打印输出时，可以在讲义母版中进行设置；当需要在演示文稿中插入备注内容时，则可以在备注母版中进行设置。

⑤.1.1 幻灯片母版

幻灯片母版是存储模板信息的设计模板的一个元素。幻灯片母版中的信息包括字形、占位符大小和位置、背景设计和配色方案。用户通过更改这些信息，就可以更改整个演示文稿中幻灯片的外观。

在 PowerPoint 2013 中打开【视图】选项卡，在【母版视图】组中单击【幻灯片母版】按钮，打开幻灯片母版视图，即可查看幻灯片母版，如图 5-1 所示。

图 5-1　查看幻灯片母版

在幻灯片母版视图下，可以看到所有区域，如标题占位符、副标题占位符以及母版下方的页脚占位符。这些占位符的位置及属性，决定了应用该母版的幻灯片的外观属性。当改变了这些属性后，所有应用该母版的幻灯片的属性也将随之改变。

当用户将幻灯片切换到幻灯片母版视图时，功能区将自动打开【幻灯片母版】选项卡，如图 5-2 所示。在该选项卡中单击功能组中的按钮，可以对母版进行编辑或更改操作。

图 5-2　【幻灯片母版】选项卡

【幻灯片母版】选项卡中【编辑母版】选项组中 5 个按钮的功能如下。

- ◉　【插入幻灯片母版】按钮：单击该按钮，可以在幻灯片母版视图中插入一个新的幻灯片母版。一般情况下，幻灯片母版中包含有幻灯片内容母版和幻灯片标题母版。
- ◉　【插入版式】按钮：单击该按钮，可以在幻灯片母版中添加自定义版式。
- ◉　【删除】按钮：单击该按钮，可删除当前母版。
- ◉　【重命名】按钮：单击该按钮，打开【重命名版式】对话框，允许用户更改当前模板的名称。
- ◉　【保留】按钮：单击该按钮，可以使当前选中的幻灯片在未被使用的情况下保留在演示文稿中。

 知识点

　　母版是模板的一部分，主要用来定义演示文稿中所有幻灯片的格式。其内容主要包括文本与对象在幻灯片中的位置、文本与对象占位符的大小、文本样式、效果、主题颜色、背景等信息。

⑤.1.2　讲义母版

讲义母版是为制作讲义而准备的，通常需要打印输出，因此讲义母版的设置大多和打印页面有关。它允许设置一页讲义中包含几张幻灯片，设置页眉、页脚、页码等基本信息。在讲义母版中插入新的对象或者更改版式时，新的页面效果不会反映在其他母版视图中。

打开【视图】选项卡，在【母版视图】组中单击【讲义母版】按钮，打开讲义母版视图。此时，功能区自动切换到【讲义母版】选项卡，如图 5-3 所示。

图 5-3　切换到讲义母版

在讲义母版视图中，包含有 4 个占位符，即页眉区、页脚区、日期区和页码区。另外，页面上还包含虚线边框，这些边框表示的是每页所包含的幻灯片缩略图的数目。用户可以使用【讲义母版】选项卡，单击【页面设置】组的【每页幻灯片数量】按钮，在弹出的菜单中选择幻灯片的数目选项，如图 5-4 所示。

图 5-4　设置幻灯片的显示数量

⑤.1.3　备注母版

备注相当于讲义，尤其是对某个幻灯片需要提供补充信息时。使用备注对演讲者创建演讲注意事项是很重要的。备注母版主要用来设置幻灯片的备注格式，一般也是用来打印输出的，因此备注母版的设置大多也和打印页面有关。

打开【视图】选项卡，在【母版视图】组中单击【备注母版】按钮，打开备注母版视图。备注页由单个幻灯片的图像和下面所属文本区域组成，如图 5-5 所示。

图 5-5　打开备注母版视图

在备注母版视图中，用户可以设置或修改幻灯片内容、备注内容及页眉页脚内容在页面中的位置、比例及外观等属性。

当用户退出备注母版视图时，对备注母版所做的修改将应用到演示文稿中的所有备注页上。只有在备注视图下，对备注母版所做的修改才能表现出来。

> **知识点**
>
> 　　无论在幻灯片母版视图、讲义母版视图还是备注母版视图中，如果要返回到普通模式时，只需要在默认打开的功能区中单击【关闭母版视图】按钮即可。

⑤.2　设置幻灯片母版

幻灯片母版决定着幻灯片的外观，用于设置幻灯片的标题、正文文字等样式，包括字体、字号、字体颜色、阴影等效果；也可以设置幻灯片的背景、页眉页脚等内容。幻灯片母版可以为所有幻灯片设置默认的版式。

⑤.2.1　设置母版版式

版式用来定义幻灯片显示内容的位置与格式信息，是幻灯片母版的组成部分，主要包括占位符。在 PowerPoint 2013 中创建的演示文稿都带有默认的版式，这些版式一方面决定了占位符、文本框、图片和图表等内容在幻灯片中的位置，另一方面决定了幻灯片中文本的样式。

母版版式是通过母版上的各个区域的设置来实现的。在幻灯片母版视图中，用户可以按照自己的需求来设置幻灯片母版的版式。

【例 5-1】新建一个演示文稿，在幻灯片母版视图中设置版式和文本格式。

(1) 启动 PowerPoint 2013 应用程序，新建一个空白演示文稿。

(2) 打开【视图】选项卡，在【母版视图】组中单击【幻灯片母版】按钮，打开幻灯片母版视图，如图 5-6 所示。

(3) 在左侧的任务窗格中选中第 2 张幻灯片缩略图，在右侧的编辑窗口中选中【单击此处编辑母版标题样式】占位符，选择【开始】选项卡，设置文字标题样式的字体为【华文隶书】、字号为 60、字体颜色为【深蓝】、字形为【加粗】。

(4) 选中【单击此处编辑母版副标题样式】占位符，在【开始】选项卡的【字体】组中设置文字副标题样式的字号为 36、字体颜色为【紫色，强调文字颜色 4，淡色 40%】、字形为【加粗】，如图 5-7 所示。

图 5-6　切换至幻灯片母版视图

图 5-7　设置标题和副标题文本格式

计算机基础与实训教材系列

(5) 选中【单击此处编辑母版标题样式】和【单击此处编辑副标题样式】占位符，拖动调节其至合适的位置。

(6) 在左侧的任务窗格中选中第 1 张幻灯片，将其显示在母版编辑区。

(7) 选中【单击此处编辑母版标题样式】占位符，拖动调节其大小，然后设置文字标题样式的字体为【华文新魏】、字体颜色为【深蓝】、字形为【加粗】、字体效果【阴影】，如图 5-8 所示。

(8) 拖动调节【单击此处编辑母版标题样式】占位符和【单击此处编辑母版文本样式】占位符的大小和位置，如图 5-9 所示。

(9) 将鼠标光标定位在第一级项目符号处，在【开始】选项卡的【段落】组中的单击【项目符号】下拉按钮，从弹出的菜单中选择【项目符号和编号】命令，如图 5-10 所示，打开【项目符号和编号】对话框。

(10) 打开【项目符号和编号】对话框，选中空心样式，单击【颜色】按钮，从弹出的颜色面板中选择【蓝色】色块，单击【确定】按钮，如图 5-11 所示。

图 5-8 【单击此处编辑母版标题样式】占位符

图 5-9 调整占位符的位置

图 5-10 【项目符号】下拉列表

图 5-11 【项目符号和编号】对话框

(11) 使用同样的方法，设置其他级别的项目符号，最终效果如图 5-12 所示。

(12) 打开【幻灯片母版】选项卡，在【关闭】组中单击【关闭母版视图】按钮，如图 5-13 所示，返回到普通视图模式。

图 5-12 设置其他级别项目符号

图 5-13 关闭母版视图

(13) 在幻灯片缩略图中选中第 1 张幻灯片，如图 5-14 所示，按 Enter 键，添加一张新幻灯片，此时新幻灯片中将自动应用设置好的文本版式和文本格式，如图 5-15 所示。

图 5-14 第 1 张幻灯片　　　　　　　　图 5-15 第 2 张幻灯片

(14) 在快速访问工具栏中单击【保存】按钮 日，保存演示文稿。

提示 ------------------------------------

在幻灯片母版视图中，还可以通过在母版中插入占位符来快速实现版式设计。在【幻灯片母版】选项卡的【母版版式】组中，单击【插入占位符】按钮，从弹出的列表中选择对应的内容即可。另外，在【编辑母版】组中，单击【插入版式】按钮，即可在幻灯片母版视图添加一个新的母版版式。

⑤.2.2 设置母版背景

一个精美的设计模板少不了背景图片或图形的修饰，用户可以根据实际需要在幻灯片母版视图中设置背景。例如，希望让某个艺术图形(公司名称或徽标等)出现在每张幻灯片中，只须将该图形置于幻灯片母版上，此时该对象将出现在每张幻灯片的相同位置上，而不必在每张幻灯片中重复添加。

【例 5-2】在演示文稿的幻灯片母版视图中添加图片和图形，并调整它们的大小和位置。

(1) 继续【例 5-1】的操作，打开【视图】选项卡，在【母版视图】组中单击【幻灯片母版】按钮，如图 5-16 所示，打开幻灯片母版视图。

(2) 打开【插入】选项卡，在【插图】组中单击【形状】按钮，从弹出的下拉列表中选择【矩形】栏中的【矩形】选项，如图 5-17 所示。

图 5-16 【视图】选项卡　　　　　　　图 5-17 【形状】下拉列表

(3) 在幻灯片编辑窗口中，拖动绘制一个与幻灯片宽度相等的矩形，如图 5-18 所示。

（4）打开【绘图工具】的【格式】选项卡，在【形状样式】组中单击【形状填充】按钮，从弹出的颜色面板中选择【蓝色】色块，如图 5-19 所示；单击【形状轮廓】按钮，从弹出的菜单中选择【无轮廓】命令。

图 5-18　绘制矩形

图 5-19　【形状填充】颜色面板

（5）使用同样的方法，在幻灯片母版编辑区底端绘制一个矩形，并设置其形状样式为无轮廓、无填充，效果如图 5-20 所示。

（6）打开【插入】选项卡，在【图像】组中单击【图片】按钮，打开【插入图片】对话框，选择要插入的图片，单击【插入】按钮，如图 5-21 所示。

图 5-20　绘制并设置矩形

图 5-21　【插入图片】对话框

（7）此时，选中的图片将插入到幻灯片中，拖动调节图片的位置和大小，效果如图 5-22 所示。

（8）选中所有的图片，右击，从弹出的快捷菜单中选择【置于底层】|【置于底层】命令，此时图片将放置在幻灯片的最底层，如图 5-23 所示。

（9）打开【插入】选项卡，在幻灯片最右侧绘制多个大小不一的同心圆，设置其填充颜色为【绿色】、【无轮廓】，如图 5-24 所示。

（10）打开【幻灯片母版】选项卡，在【关闭】组中单击【关闭母版视图】按钮，返回到普通视图模式下，查看设置背景图片后的幻灯片效果，如图 5-25 所示。

图 5-22　调节图片的位置和大小

图 5-23　设置图片的叠放次序

图 5-24　绘制并设置图形

图 5-25　设置背景图片后的幻灯片效果

(11) 在快速访问工具栏中单击【保存】按钮日，保存【我的设计模板】演示文稿。

⑤.2.3　设置页眉页脚

页眉和页脚分别位于幻灯片的底部，主要用来显示文档的页码、日期、公司名称与公司徽标等内容。在制作幻灯片时，使用 PowerPoint 提供的页眉页脚功能，可以为每张幻灯片添加这些相对固定的信息。

要插入页眉和页脚，只须在【插入】选项卡的【文本】选项组中单击【页眉和页脚】按钮，打开【页眉和页脚】对话框，在其中进行相关操作即可。插入页眉和页脚后，可以在幻灯片母版视图中对其格式进行统一设置。

【例 5-3】在演示文稿的幻灯片母版视图中添加图片和图形，并调整它们的大小和位置。

(1) 继续【例 5-2】的操作，选中第 1 张幻灯片，打开【插入】选项卡，在【文本】选项组中单击【页眉和页脚】按钮，如图 5-26 所示。

(2) 打开【页眉和页脚】对话框选中【日期和时间】、【幻灯片编号】、【页脚】、【标题

幻灯片中不显示】复选框，并在【页脚】文本框中输入"用于自定义模板"，单击【全部应用】
按钮，为除第 1 张幻灯片以外的幻灯片添加页脚，如图 5-27 所示。

图 5-26　插入页面和页脚

图 5-27　【页眉和页脚】对话框

(3) 打开【视图】选项卡，在【母版视图】组中单击【幻灯片母版】按钮，切换到幻灯片母
版视图。

(4) 选中所有的页脚文本框，设置字体为【华文新魏】，字形为【加粗】，字号为16，字体
颜色为【紫色】，拖动调节时间和编号占位符的位置，并设置文本对齐方式，效果如图 5-28 所示。

(5) 打开【幻灯片母版】选项卡，在【关闭】选项组中单击【关闭母版视图】按钮，返回到
普通视图模式，如图 5-29 所示。

图 5-28　插入页面和页脚

图 5-29　普通视图模式

(6) 在快速访问工具栏中单击【保存】按钮日，保存演示文稿。

⑤.3　制作讲义母版

讲义母版主要以讲义的方式来展示演示文稿内容，可以使用户更容易理解演示文稿的内容。
它是为了制作讲义而准备的，需要将其打印出来。因此，讲义母版的设置与打印页面有关，它允
许一页讲义中包含几张幻灯片，并可设置页眉、页脚、页码等基本元素。

【例5-4】在演示文稿中制作讲义母版。

(1) 继续【例5-3】的操作，打开【视图】选项卡，在【母版视图】组中单击【讲义母版】按钮，进入讲义母版编辑状态，如图5-30所示。

(2) 打开【讲义母版】选项卡，在【页面设置】组中单击【每页幻灯片数量】按钮，从弹出的菜单中选择【4张幻灯片】命令，即可设置每页显示4张幻灯片数量，如图5-31所示。

图 5-30　讲义母版编辑状态

图 5-31　设置每页显示幻灯片数量

(3) 在【讲义母版】选项卡的【占位符】组中，取消选中【日期】复选框，即可隐藏页面右上侧的日期文本占位符，如图5-32所示。

(4) 选中【页眉】、【页脚】和【页码】文本占位符，设置文本字号为16，字体颜色为【深蓝】，字形为【加粗】，对齐方式为【居中对齐】，如图5-33所示。

图 5-32　关闭显示日期文本占位符

图 5-33　设置页眉和页脚

(5) 在【讲义母版】选项卡的【背景】组中单击【背景样式】按钮，从弹出的列表中选择【设置背景格式】命令，如图5-34所示。

(6) 打开【设置背景格式】窗格，选中【图案填充】单选按钮，在【图案】列表框中选中一种图案填充样式，在【前景色】下拉面板中选择【蓝色】色块，如图 5-35 所示。

图 5-34　【设置背景格式】下拉列表

图 5-35　设置图案填充

(7) 单击【全部应用】按钮，应用图案填充，然后在【讲义母版】选项卡中单击【关闭母版视图】按钮，此时返回讲义母版编辑窗口中，显示讲义母版背景样式效果，如图 5-36 所示。

图 5-36　显示制作的讲义母版效果

(8) 在快速访问工具栏中单击【保存】按钮日，保存【我的设计模板】演示文稿。

⑤.4　制作备注母版

备注母版主要用来设置幻灯片的备注格式，当需要将备注信息输出显示在打印纸张上时，这时就需要设置备注母版。

在备注母版中主要包括一个幻灯片占位符与一个备注占位符，可以对所有备注页中的文本进行格式编排。设置备注母版与设置讲义母版大体一致，无须设置母版主题，只须设置幻灯片方向、备注页方向、占位符与背景样式等。

【例5-5】在演示文稿中制作备注母版。

(1) 继续【例5-4】的操作，打开【视图】选项卡，在【母版视图】组中单击【备注母版】按钮，进入备注母版编辑状态，如图 5-37 所示。

(2) 在【备注母版】选项卡的【占位符】组中，取消选中【页眉】、【日期】和【页脚】复选框，即可隐藏这些占位符，效果如图 5-38 所示。

图 5-37　备注母版编辑状态

图 5-38　【占位符】组

(3) 在页面中间的占位符中选中第 1 行文本，将其字体设置为【华文新魏】，字号为28，字体颜色为【蓝色】；选中第二级~第五级文本，设置其字体设置为【楷体】，字号为 20，字体颜色为【深蓝】，如图 5-39 所示。

(4) 在【备注母版】选项卡的【背景】组中单击【背景样式】按钮，从弹出的列表中选择【设置背景格式】命令，如图 5-40 所示，打开【设置背景格式】窗格。

图 5-39　设置文本占位符中的文字格式

图 5-40　【背景样式】下拉列表

(5) 在【填充】选项区域中选中【图片或纹理填充】单选按钮，在【纹理】下拉列表中选择【蓝色面巾纸】色块，如图 5-41 所示。

(6) 关闭【设置背景格式】窗格，返回备注母版编辑窗口中，显示设置的备注母版背景效果，如图 5-42 所示。

计算机基础与实训教材系列

图 5-41 【设置背景格式】窗格

图 5-42   备注母版效果

(7) 在【备注母版】选项卡的【关闭】组中，单击【关闭母版视图】按钮。

(8) 在快速访问工具栏中单击【保存】按钮日，保存演示文稿。

⑤.5   设置幻灯片主题和背景

PowerPoint 2013 提供了多种主题颜色和背景样式，使用这些主题颜色和背景样式，可以使幻灯片具有丰富的色彩和良好的视觉效果。

⑤.5.1   设置幻灯片主题

幻灯片主题是应用于整个演示文稿的各种样式的集合，包括颜色、字体和效果三大类。PowerPoint 预置了多种主题供用户选择。打开【设计】选项卡，在【主题】组中单击【其他】按钮，从弹出的列表中选择预置的主题，如图 5-43 所示。

图 5-43   PowerPoint 预置主题

1．设置主题颜色

PowerPoint 提供了多种预置的主题颜色供用户选择。在【设计】选项卡的【变体】组中单击【其他】按钮，在弹出的下拉列表中选择【颜色】命令，即可在弹出的子菜单中选择主题颜色，如图 5-44 所示。若选择【自定义颜色】命令，将打开【新建主题颜色】对话框，如图 5-45 所示。在该对话框中可以设置各种类型内容的颜色。设置完后，在【名称】文本框中输入名称，单击【保存】按钮，可以将其添加到【颜色】子菜单中。

图 5-44　选择内置主题颜色

图 5-45　【新建主题颜色】对话框

2．设置主题字体

字体也是主题中的一种重要元素。在【设计】选项卡的【变体】组单击【其他】按钮，从弹出的下拉列表中选择【字体】命令，即可在弹出的子菜单中选择预置的主题字体，如图 5-46 所示。若选择【自定义字体】命令，将打开【新建主题字体】对话框，如图 5-47 所示，在其中可以设置标题字体、正文字体等。

图 5-46　选择内置主题字体

图 5-47　【新建主题字体】对话框

3．设置主题效果

主题效果是 PowerPoint 预置的一些图形元素以及特效。在【设计】选项卡的【变体】组单击

【其他】按钮，从弹出的下拉列表中选择【效果】命令，即可在弹出的子菜单中选择预置的主题效果样式，如图 5-48 所示。

图 5-48　使用内置主题效果

提示

由于主题效果的设置非常复杂，因此 PowerPoint 2013 不提供用户自定义主题效果的选项。在此，用户只能使用预置的几种主题效果。

【例 5-6】在演示文稿中制作备注母版。

(1) 启动 PowerPoint 2013 应用程序，新建一个空白演示文稿。

(2) 在软件左侧的幻灯片缩略图中选择第 1 张幻灯片，按 Enter 键，添加一张新幻灯片，如图 5-49 所示。

(3) 打开【设计】选项卡，在【主题】组中单击【其他】按钮，从弹出的【所有主题】列表中选择【丝状】主题样式，此时自动为幻灯片应用所选的主题，如图 5-50 所示。

图 5-49　添加幻灯片　　　　　　　　　　图 5-50　应用主题

(4) 在【变体】组中单击【其他】按钮，从弹出的下拉列表中选择【颜色】|【自定义颜色】命令，打开【新建主题颜色】对话框。

(5) 单击【文字/背景-深色 1】下拉按钮，在弹出的面板中选择【青绿，强调文字颜色 3】色块；单击【文字/背景-浅色 1】下拉按钮，然后在弹出的面板中选择【其他颜色】命令，如

图 5-51 所示。

(6) 打开【颜色】对话框的【自定义】选项卡，【颜色模式】选项 RGB，【红色】，单击【确定】按钮，如图 5-52 所示。

图 5-51 选择【其他颜色】命令　　　　　　　图 5-52 【颜色】对话框

(7) 返回至【新建主题颜色】对话框，设置【文字/背景-深色 2】为【浅绿】，【超链接】为【红色】；在【名称】文本框中输入"自定义主题颜色"，单击【保存】按钮，如图 5-53 所示。

(8) 此时即可显示自定义主题后的幻灯片效果，如图 5-54 所示。

图 5-53 自定义主题颜色　　　　　　　　　图 5-54 显示自定义主题效果

(9) 在【变体】组单击【其他】按钮，从弹出的下拉列表中选择【字体】|【自定义字体】命令，打开【新建主题字体】对话框。

(10) 在【西文】选项区域中，设置【标题字体】为 Candara，【正文字体】为 Century；在【中文】选项区域中，设置【标题字体】为【隶书】，【正文字体】为【宋体】；在【名称】文本框中输入"自定义字体"，如图 5-55 所示。

(11) 单击【保存】按钮，完成主题字体的设置，返回至幻灯片中显示设置后的主题字体，如图 5-56 所示。

图 5-55 【新建主题字体】对话框   图 5-56 显示主题字体效果

(12) 在【变体】组单击【其他】按钮▽，从弹出的下拉列表中选择【效果】|【映像】主题效果样式，此时快速应用该样式至幻灯片中，如图 5-57 所示。

图 5-57 设置主题效果

(13) 在快速访问工具栏中单击【保存】按钮日，保存演示文稿。

提示

> 除了可以对所有幻灯片应用同一主题之外，PowerPoint 2013 还为用户提供了对单一幻灯片应用独特性主题效果的功能，从而达到突出幻灯片个性的目的。方法很简单，选择单张幻灯片，在【设计】选项卡的【主题】组中右击主题，从弹出的快捷菜单中选择【应用于选定幻灯片】命令即可。

⑤.5.2 设置幻灯片背景

幻灯片美观与否，背景起着至关重要的作用，用户除了自己设计模板外，还可以利用 PowerPoint 2013 内置的背景样式，甚至可以设计和更改幻灯片的背景颜色和背景等。

1. 应用内置背景样式

在 PowerPoint 2013 中，可以在演示文稿中应用内置背景样式。所谓背景样式，是指来自当前主题中，主题颜色和背景亮度组合的背景填充变体。默认情况下，幻灯片的背景会应用前一张的背景，如果是空白演示文稿，则背景颜色为白色。

应用 PowerPoint 内置的背景样式，可以打开【设计】选项卡，在【变体】组中，单击【其他】下拉按钮，在弹出的下拉列表中选择【背景样式】命令，然后在弹出的子菜单中选择一种背景样式即可，如选择【样式 11】命令，则该幻灯片效果如图 5-58 所示。

图 5-58　应用内置背景样式

2. 自定义背景样式

当用户对 PowerPoint 2013 提供的背景样式不满意时，可以在背景样式列表中选择【设置背景格式】命令，打开【设置背景格式】窗格，在该窗格中可以自定义背景的填充样式、渐变以及纹理格式等，如图 5-59 所示。

图 5-59　打开【设置背景格式】窗格

- 【纯色填充】单选按钮：选中该单选按钮后，可以在【颜色】下拉列表框中选中一种纯色颜色，拖动【透明度】滑块可以设置纯色的【透明度】，如图 5-60 所示。

图 5-60　设置纯色填充

- ◉ 【渐变填充】单选按钮：选中该单选按钮后，可以在【预设渐变】下拉列表框中选择一样颜色，在【类型】下拉列表框中选择渐变的类型，在【颜色】面板中可以设置其颜色，拖动【位置】和【透明度】滑块可以设置【结束位置】和【透明度】等参数，如图 5-61 所示。
- ◉ 【图片或纹理填充】单选按钮：选中该单选按钮后，可以在【纹理】下拉列表框中选择需要的纹理图案，如图 5-62 所示；单击【文件】按钮，打开【插入图片】对话框，在其中选择作为背景的图片即可。

图 5-61　设置渐变填充　　　　　　　　图 5-62　设置图片或纹理填充

- ◉ 【图案填充】单选按钮：选择该单选按钮后，可以在【图案】列表框中选择一种图案，在【前景色】下拉列表框中选择一种图案颜色，如图 5-35 所示。

【例 5-7】在演示文稿中，为幻灯片设置背景。

(1) 启动 PowerPoint 2013 应用程序，打开【例 5-6】创建的演示文稿。

(2) 自动打开第 1 张幻灯片，选择【设计】选项卡，在【变体】组中单击【其他】按钮▽，在

计算机基础与实训教材系列

弹出的下拉列表中选中【背景样式】|【设置背景格式】命令，显示【设置背景格式】窗格，并在该窗格中选中【隐藏背景图形】复选框，即可看到该幻灯片中的背景图片和背景图形已不显示，效果如图 5-63 所示。

图 5-63　隐藏背景图形

(3) 在【设置背景格式】窗格中选中【图片或纹理填充】单选按钮，展开相关选项，然后单击【文件】按钮。

(4) 打开【插入图片】对话框，选择背景图片的存放路径，选择需要的图片，单击【插入】按钮，如图 5-64 所示。

(5) 在【设置背景格式】窗格中单击【关闭】按钮，此时图片将设置为幻灯片的背景，如图 5-65 所示。

图 5-64　【插入图片】对话框　　　　图 5-65　幻灯片背景效果

(6) 在快速访问工具栏中单击【保存】按钮日，保存演示文稿。

⑤.6　上机练习

本章的上机实验主要练习制作幻灯片母版，使用户更好地掌握设置幻灯片母版页眉元素、设置页眉和页脚和设置幻灯片背景样式等基本操作方法和技巧。

⑤.6.1 设计【照片墙】演示文稿

本次上机练习通过设计【照片墙】演示文稿来主要介绍设置幻灯片母版版式、设置幻灯片背景图片等内容。

(1) 启动 PowerPoint 2013 应用程序，自动打开一个空白文档，将其以"照片墙"为名保存，如图 5-66 所示。

(2) 打开【视图】选项卡，在【母版视图】组中单击【幻灯片母版】按钮，打开幻灯片母版视图，如图 5-67 所示。

图 5-66　新建演示文稿

图 5-67　幻灯片母版视图

(3) 切换至第 1 张幻灯片缩略图，在右侧的幻灯片编辑窗口中选中【单击此处编辑母版标题样式】占位符，设置其字体为【微软雅黑】，字号为 44，字体颜色为 RGB=(60，20，172)，如图 5-68 所示。

(4) 设置文本占位符中文本字体为【方正大标宋简体】，字体颜色为【黑色】，效果如图 5-69 所示。

图 5-68　设置标题占位符文本格式

图 5-69　设置内容文本格式

(5) 使用同样的方法，设置页眉、页脚和页码占位符文本颜色为【深蓝】。

(6) 在左侧的任务窗格中选中第 2 张幻灯片缩略图，设置【单击此处编辑母版标题样式】占位符中文本字体为【微软雅黑】，字号为 48，字体颜色为【红色】，字体效果为【阴影】，如图 5-70 所示。

(7) 设置【单击此处编辑母版副标题样式】占位符中文本字体为【方正大标宋简体】，字体颜色为【黑色】，然后拖到调节占位符的位置，如图 5-71 所示。

图 5-70　设置母版标题文本格式

图 5-71　调整占位符的位置

(8) 切换至第 1 张幻灯片缩略图，打开【幻灯片母版】选项卡，在【背景】组中单击【背景样式】按钮，从弹出的下拉列表中选择【设置背景格式】命令，如图 5-72 所示，打开【设置背景格式】窗格。

(9) 选择【填充】选项卡，在【填充】选项区域选中【图片或纹理填充】单选按钮，单击【文件】按钮，如图 5-73 所示。

图 5-72　【背景样式】下拉列表

图 5-73　【设置背景格式】窗格

(10) 打开【插入图片】对话框，选择背景图片的存放路径，选择需要的图片，单击【插入】

按钮，如图 5-74 所示。

(11) 返回至【设置背景格式】窗格，单击【关闭】按钮✕，此时图片将设置为幻灯片的背景，并调节占位符的大小和位置，如图 5-75 所示。

图 5-74 【插入图片】对话框　　　　　　　图 5-75 幻灯片背景和占位符效果

(12) 打开【幻灯片母版】选项卡，在【关闭】选项组中单击【关闭母版视图】按钮，返回到普通视图模式，如图 5-76 所示。

(13) 在左侧的任务窗格中选择第 1 张幻灯片缩略图，打开【设计】选项卡，在【自定义】组中单击【设置背景格式】按钮，打开【设置背景格式】窗格，如图 5-77 所示。

图 5-76 普通视图模式　　　　　　　　　　图 5-77 打开【设置背景格式】窗格

(14) 打开【填充】选项卡，在【填充】选项区域选中【图片或纹理填充】单选按钮，展开相关选项，单击【文件】按钮。

(15) 打开【插入图片】对话框，选择背景图片的存放路径，选择需要的图片，单击【插入】按钮，如图 5-78 所示。

(16) 返回至【设置背景格式】对话框，单击【关闭】按钮，此时图片将被设置为第 1 张幻灯片的背景，如图 5-79 所示。

(17) 在快速访问工具栏中单击【保存】按钮 ⊟，保存【照片墙】演示文稿。

图 5-78　选择另一张图片

图 5-79　设计模板效果

⑤.6.2　设计【我的家】演示文稿

本上机练习通过设计【自定义模板 2】演示文稿来主要介绍设置幻灯片母版版式、编辑背景图片和设置背景图片等内容。

(1) 启动 PowerPoint 2013 应用程序，新建一个空白文档。

(2) 打开【视图】选项卡，在【母版视图】组中单击【幻灯片母版】按钮，打开幻灯片母版视图。

(3) 切换至第 1 张幻灯片缩略图，在右侧的幻灯片编辑窗口中选中【单击此处编辑母版标题样式】占位符，设置其字体为【华文新魏】，字号为 44，字体颜色为【深红】，字体效果为【阴影】，如图 5-80 所示。

(4) 切换至第 2 张幻灯片缩略图，设置正标题占位符的字体为【方正黑体简体】、字号为 60，字体颜色为【黑色】；设置副标题占位符字体为【方正综艺简体】，字号为 28，字体颜色为【灰色】，文本对齐方式为【文本左对齐】。

(5) 在第 2 张幻灯片编辑窗口中拖动鼠标调节它们的位置，如图 5-81 所示。

图 5-80　设置第 1 张幻灯片格式

图 5-81　设置第 2 张幻灯片格式

(6) 切换至第 1 张幻灯片缩略图，打开【插入】选项卡，在【图像】组中单击【图片】按钮，打开【插入图片】对话框，选择要插入的图片，单击【插入】按钮，如图 5-82 所示。

(7) 此时，选中的图片将插入到幻灯片中，拖动鼠标调节图片和占位符的位置和大小。

(8) 选中 2 张图片，右击，从弹出的快捷菜单中选择【置于底层】|【置于底层】命令，此时卡通图片将放置在幻灯片的最底层，效果如图 5-83 所示。

图 5-82　选择多张图片

图 5-83　调节图片和占位符的位置和大小

(9) 打开【幻灯片母版】选项卡，在【关闭】选项组中单击【关闭母版视图】按钮，返回到普通视图模式，如图 5-84 所示。

(10) 在左侧的幻灯片缩略图窗格中选择第 1 张幻灯片，将其显示在幻灯片编辑窗口中，如图 5-85 所示。

图 5-84　普通视图模式

图 5-85　选中第 1 张幻灯片

(11) 打开【设计】选项卡，在【变体】组中单击【其他】按钮，在弹出的下拉列表中选中【背景样式】|【设置背景格式】命令，如图 5-86 所示。

(12) 打开【设置背景格式】窗格，展开【填充】选项区域，然后选中【隐藏背景图形】复选框，如图 5-87 所示。

(13) 在【填充】选项区域选中【图片或纹理填充】单选按钮，展开相关选项，单击【文件】按钮，如图 5-88 所示。

(14) 打开【插入图片】对话框，选择背景图片的存放路径，选择需要的图片，单击【插入】
按钮，如图 5-89 所示。

图 5-86 【变体】组

图 5-87 隐藏背景图形

图 5-88 【设置背景格式】窗格

图 5-89 选择背景图片

计算机 基础与实训教材系列

(15) 返回至【设置背景格式】窗格，单击【关闭】按钮，此时图片将设置为第 1 张幻灯片的
背景，其效果如图 5-90 所示。

(16) 调整幻灯片中占位符的位置，并将第 1 张和第 2 张幻灯片互换位置，如图 5-91 所示。

图 5-90 设置幻灯片背景

图 5-91 调整幻灯片位置

(17) 在快速访问工具栏中单击【保存】按钮日，将创建的演示文稿以文件名"我的家"保存。

⑤.7 习题

1. 为空白演示文稿应用主题，并设置主题颜色样式，调整幻灯片的母版版式，使幻灯片效果如下图 5-92 所示。

图 5-92　为演示文稿应用主题

2. 使用自定义幻灯片背景功能设计出如图 5-93 所示的幻灯片。

图 5-93　自定义幻灯片背景

应用与设计图形对象

学习目标

使用 PowerPoint 2013 在幻灯片中添加合适的图形对象,可以使幻灯片的表现形式变得更加丰富多彩,提升幻灯片的视觉效果,也可以使幻灯片的主题更为突出。本章将主要介绍在 PowerPoint 2013 演示文稿中,对图形对象进行应用与设计的相关知识及其基本操作。

本章重点

- ◉　创建与设计 SmartArt 图形
- ◉　在幻灯片中插入自选图形
- ◉　对齐与分布图形
- ◉　层叠与组合图形
- ◉　在幻灯片中使用艺术字

6.1　使用 SmartArt 图形

使用 SmartArt 图形可以非常直观地说明层级关系、附属关系、并列关系、循环关系等各种常见的逻辑关系,而且所制作的图形漂亮精美,具有很强的立体感和画面感。

6.1.1　创建 SmartArt 图形

PowerPoint 2013 提供了多种 SmartArt 图形类型,如流程、层次结构等。

打开【插入】选项卡,在【插图】选项组中单击 SmartArt 按钮,打开【选择 SmartArt 图形】对话框,如图 6-1 所示。在该对话框中,用户可以根据需要选择合适的图形类型,单击【确定】按钮,即可在幻灯片中插入 SmartArt 图形。

图 6-1　打开【选择 SmartArt 图形】对话框

【例 6-1】打开演示文稿，在其中添加新幻灯片并插入 SmartArt 图形。

(1) 启动 PowerPoint 2013 应用程序，并打开如图 6-2 所示的演示文稿。

(2) 在左侧的幻灯片预览窗格中选择第 2 张幻灯片缩略图，将其显示在幻灯片编辑窗口中。

(3) 打开【开始】选项卡，在【幻灯片】组中单击【新建幻灯片】按钮下方的下拉按钮，从弹出的下拉列表框中选择【空白】选项，如图 6-3 所示，即可添加一张空白幻灯片。

图 6-2　打开演示文稿

图 6-3　【新建幻灯片】下拉列表

(4) 打开【插入】选项卡，在【插图】组中单击 SmartArt 按钮。

(5) 打开【选择 SmartArt 图形】对话框，在左侧的类别列表中选择【层次结构】选项，在中间的列表框中选择【组织结构图】选项，如图 6-4 所示。

(6) 单击【确定】按钮，即可在第 3 张幻灯片中插入 SmartArt 图形，如图 6-5 所示。

图 6-4　【选择 SmartArt 图形】对话框

图 6-5　在幻灯片中输入组织结构图

(7) 在【文本】框中输入文本，并进行拖动调节图形大小和位置，效果如图 6-6 所示。

图 6-6　输入文本并调整图形

(8) 在快速访问工具栏中单击【保存】按钮日，保存演示文稿。

知识点

默认情况下，插入 SmartArt 图形后，自动打开【在此处键入文字】窗格，在其中同样可以实现文本的输入。若要打开该窗格，可以选中 SmartArt 图形钮即可。

⑥.1.2　编辑 SmartArt 图形

创建 SmartArt 图形后，有些地方往往会不符合自己的要求，还需要对插入的 SmartArt 图形进行各种编辑，如插入或删除、调整形状顺序以及更改布局等。

1．添加和删除形状

默认情况插入的 SmartArt 图形的形状较少，用户可以根据需要在相应的位置添加形状。如果形状过多，还可以对其进行删除。

【例 6-2】在演示文稿中为 SmartArt 图形添加形状。

(1) 继续【例 6-1】的操作，选中创建的 SmartArt 图形，选中最上方的【主管】形状，打开【SmartArt 工具】的【设计】选项卡，如图 6-7 所示。

(2) 在【创建图形】组中单击【添加形状】下拉按钮，从弹出的下拉列表中选择【在上方添加形状】命令，如图 6-8 所示。

图 6-7　选择【设计】选项卡　　　　　　图 6-8　【添加形状】下拉列表

(3) 此时，即可在该形状下侧添加一个形状，如图 6-9 所示。

(4) 使用同样的方法，在【评估组 2】形状下方添加 2 个形状，效果如图 6-10 所示。

图 6-9　添加 1 个形状

图 6-10　添加 2 个形状

(5) 在新建的形状【文本】框中输入文本，并调整位置，最终效果如图 6-11 所示。

图 6-11　编辑 SmartArt 图形

(6) 在快速访问工具栏中单击【保存】按钮 ，保存演示文稿。

2. 调整形状顺序

在制作 SmartArt 图形的过程中，用户可以根据自己的需求调整图形间各形状的顺序，如将上一级的形状调整到下一级。

选中形状，打开【SmartArt 工具】的【设计】选项卡，在【创建图形】组中单击【升级】按钮，将形状上调一个级别；单击【下降】按钮，将形状下调一个级别；单击【上移】或【下移】按钮，将形状在同一级别中向上或向下移动，如图 6-12 所示。

图 6-12　【设计】选项卡

3. 更改布局

当用户编辑完关系图后，如果发现该关系图不能很好地反映各个数据、内容关系，则可以更改 SmartArt 图形的布局。

选中 SmartArt 图形，打开【SmartArt 工具】的【设计】选项卡，在【布局】组中单击【其他】按钮，从弹出的列表中可以重新选择布局样式，如图 6-13 所示。若选择【其他布局】命令，打开【选择 SmartArt 图形】对话框，在该对话框中同样可以更改图形的样式。

图 6-13　更改 SmartArt 图形布局

6.1.3　设计 SmartArt 图形

在 PowerPoint 2013 中，设计 SmartArt 样式包括两个方面：一是更改 SmartArt 图形中的单个形状的样式；二是设置整个 SmartArt 图形的样式。经过设计后，SmartArt 图形将会变得更加美观。

【例6-3】在演示文稿中设计 SmartArt 图形样式。

(1) 继续【例6-2】的操作，选中 SmartArt 图形的所有形状，打开【SmartArt 工具】的【格式】选项卡，如图 6-14 所示。

(2) 在【大小】组的【宽度】微调框中输入"5.7 厘米"，在【高度】微调框中输入"1.36 厘米"，调节形状的宽度和高度，效果如图 6-15 所示。

图 6-14　选中所有形状　　　　　　　图 6-15　【大小】组

(3) 选中最上方的形状，在【格式】选项卡的【形状】组中单击【更改形状】按钮，从弹出的菜单中选择【圆角矩形】选项，更改形状，如图 6-16 所示。

(4) 选中 SmartArt 图形，打开【SmartArt 工具】的【设计】选项卡，在【SmartArt 样式】组中单击【更改颜色】按钮，在弹出的【彩色】列表中选择【渐变范围-着色 2】选项，为 SmartArt 图形更改颜色，如图 6-17 所示。

图 6-16　更改形状

图 6-17　修改 SmartArt 图形颜色

(5) 在【SmartArt 样式】组中单击【其他】按钮，从弹出的列表中选择【三维】栏中的【砖块场景】选项，为 SmartArt 图形应用该 SmartArt 样式，如图 6-18 所示。

(6) 选中最下方添加的形状，打开【SmartArt 工具】的【格式】选项卡，在【形状样式】组中单击【形状填充】按钮，在弹出的颜色面板中选择【浅蓝】色块，为形状应用【浅蓝】填充色，如图 6-19 所示。

图 6-18　设置三维样式

图 6-19　设置形状填充

(7) 在快速访问工具栏中单击【保存】按钮，保存演示文稿。

⑥.2　创建图形

PowerPoint 2013 提供了功能强大的绘图工具，利用绘图工具可以在幻灯片中绘制各种线条、连接符、几何图形、星形和箭头等复杂的图形。

⑥.2.1　绘制形状

在 PowerPoint 2013 中，通过【插入】选项卡的【插图】组中的【形状】按钮，可以在幻灯片中绘制一些简单的形状，如线条、基本图形。

在【插图】组单击【形状】按钮，在弹出的菜单中选择需要的形状，然后拖动，在幻灯片中绘制需要的图形即可。

【例 6-4】使用 PowerPoint 2013 在演示文稿中绘制形状。

(1) 继续【例 6-4】的操作，在左侧的幻灯片预览窗格中选择第 3 张幻灯片缩略图，然后按下 Enter 键创建一个空白幻灯片，如图 6-20 所示。

(2) 选择【插入】选项卡，单击【形状】按钮，在弹出的下拉列表中选择所需的形状(如选择图文框)，如图 6-21 所示。

图 6-20　创建空白幻灯片

图 6-21　【形状】下拉列表

(3) 在幻灯片中确定形状的左上角位置，从该位置向右下角进行拖动，即可绘制形状，如图 6-22 所示。

图 6-22　绘制形状

(4) 在快速访问工具栏中单击【保存】按钮，保存演示文稿。

⑥.2.2　设置形状格式

在 PowerPoint 2013 中，可以对绘制的形状进行个性化的编辑和修改。和其他操作一样，在进行设置前，应首先选中该图形，将打开如图 6-23 所示的【绘图工具】的【格式】选项卡，在其中对图形进行最基本的编辑和设置，包括旋转图形、对齐图形、组合图形、设置填充颜色、阴影效果和三维效果等。

图 6-23　形状的【绘图工具】的【格式】选项卡

1. 对齐与分布图形

在幻灯片中绘制多个图形时，可能会出现多个形状排列不整齐的情况，这样往往会影响到画面的整体效果和布局。此时，就需要对图形进行对齐和分布设置。

【例 6-5】在 PowerPoint 2013 演示文稿中对绘制的图形进行设置。

(1) 参考【例 6-4】的操作，在幻灯片中绘制多个形状并将其一一选中，如图 6-24 所示。

(2) 打开【绘图工具】的【格式】选项卡，在【排列】组中单击【组合】按钮，在弹出的下拉列表中选中【左右居中】选项，如图 6-25 所示。

图 6-24　绘制多个形状

图 6-25　【组合】下拉列表

(3) 此时，幻灯片中被选中的多个图形将居中对齐在幻灯片窗口正中的位置上，其效果如图 6-26 所示。

(4) 此时，若用户再次单击【组合】按钮，在弹出下拉列表中选择【右对齐】选项，幻灯片中的图形将靠右对齐，若选择【左对齐】选项，幻灯片中的图形将靠左对齐，如图 6-27 所示。

(5) 单击【组合】按钮，在弹出下拉列表中选择【顶端对齐】选项，幻灯片中的图形效果将如图 6-28 所示。

（6）单击【组合】按钮，在弹出下拉列表中选择【顶端对齐】选项，幻灯片中图形的效果将如图 6-28 所示。

（7）单击【组合】按钮，在弹出下拉列表中选择【横向分布】选项，幻灯片中图形的效果将如图 6-29 所示。

图 6-26　左右居中对齐

图 6-27　左对齐

图 6-28　顶端对齐

图 6-29　横向分布

（8）单击【组合】按钮，在弹出下拉列表中选择【纵向分布】按钮，图形效果如图 6-30 所示；单击【组合】按钮，在弹出下拉列表中选择【上下居中】选项，图形效果如图 6-31 所示。

图 6-30　纵向分布

图 6-31　上下居中

计算机 基础与实训教材系列

2. 层叠图形

在 PowerPoint 中，将多个图形进行层叠也能起到很好的画面效果。调整图片叠放次序的方法有以下两种。

- 选中需要设置的图形后右击，在弹出的菜单中选择【置于顶层】或【置于底层】命令，如图 6-32 所示。

- 选中需要设置的图片，在【格式】选项卡的【排列】组中单击【选择窗格】按钮，在打开的【选择】窗格中单击▲和▼按钮来调整图形之间的顺序，如图 6-33 所示。

图 6-32　图形右键菜单

图 6-33　【选择】窗格

3. 组合图形

在编辑图形时，把多个图形进行组合在一起，可以使绘制的图形更有视觉效果。在 PowerPoint 2013 中，用户可以根据需求随意搭配所需的图形，具体方法如下。

(1) 选中需要组合的图形后，右击，在弹出的菜单中选择【组合】|【组合】命令，如图 6-34 所示。

(2) 若要取消组合图形，可以选中组合图形后右击，在弹出的菜单中选择【组合】|【取消组合】命令，如图 6-35 所示。

图 6-34　组合图形

图 6-35　取消组合图形

6.3　创建艺术字

艺术字是一种特殊的图形文字，常被用来表现幻灯片的标题文字。用户既可以像对普通文字一样设置其字号、加粗、倾斜等效果，也可以像对图形对象那样设置它的边框、填充等属性，还可以对其进行大小调整、旋转或添加阴影、三维效果等操作。

6.3.1　插入艺术字

艺术字是一个文字样式库，可以将艺术字添加文档中，从而制造出装饰性效果。在 PowerPoint 2013 中，打开【插入】选择框，在【文本】组中单击【艺术字】按钮，打开如图 6-36 所示的艺术字样式列表。选择需要的样式，即可在幻灯片中插入艺术字，如图 6-37 所示。

图 6-36　艺术字样式列表

图 6-37　在幻灯片中插入艺术字

【例 6-6】在幻灯片中插入艺术字。

(1) 打开演示文稿后，选择【插入】选择框，在【文本】组中单击【艺术字】按钮，从弹出的艺术字样式列表中选择一种艺术字样式，如图 6-38 所示。

(2) 此时，即可将选中的艺术字插入到幻灯片中，如图 6-39 所示。

图 6-38　打开演示文稿

图 6-39　插入艺术字

(3) 在【请在此放置您的文字】占位符中输入艺术字文本"阅读笔记"，效果如图 6-40 所示。

(4) 将鼠标指针移动至艺术字文本框的边缘，当鼠标指针变为十字形状后，拖动艺术字文本框至合适的位置，如图 6-41 所示。

图 6-40　输入艺术字文本

图 6-41　调整艺术字位置

(5) 在快速访问工具栏中单击【保存】按钮日，保存演示文稿。

提示--

除了直接插入艺术字外，用户还可以将文本转换成艺术字。其方法很简单：选择要转换的文本，在【插入】选项卡的【文本】组中单击【艺术字】下拉按钮，从弹出的艺术字样式列表框中选择需要的样式即可。

⑥.3.2　设置艺术字格式

用户在插入艺术字后，自动打开【绘图工具】的【格式】选项卡，如图 6-42 所示。为了使艺术字的效果更加美观，可以对艺术字格式进行相应的设置，如设置艺术字的大小、艺术字样式、形状样式等属性。

图 6-42　艺术字的【绘图工具】的【格式】选项卡

1. 设置艺术字大小

选择艺术字后，在【格式】选项卡的【大小】组的【形状高度】和【形状宽度】文本框中输入精确的数据即可。

2. 设置艺术字文本样式

设置艺术字样式包含更改艺术字样式、文本效果、文本填充颜色和文本轮廓等操作。通过在【格式】选项卡的【艺术字样式】组中单击相应的按钮，执行对应的操作。

　　　◉　　更改艺术字样式：选择艺术字后，在【格式】选项卡的【艺术字样式】组中，单击【其他】按钮，从弹出的如图 6-43 所示的样式列表中选择一种艺术字样式即可。

◉ 更改文本效果：选择艺术字后，在【格式】选项卡的【艺术字样式】组中，单击【文字效果】按钮，从弹出的菜单中选择所需的文本效果。如图 6-44 所示是发光效果。

图 6-43　更改艺术字样式

图 6-44　更改文本效果

◉ 更改文本填充颜色：选择艺术字后，在【格式】选项卡的【艺术字样式】组中，单击【文本填充】按钮，从弹出的如图 6-45 所示的菜单中选择所需的填充颜色，或者选择渐变和纹理填充效果。

◉ 更改文本轮廓：选择艺术字后，在【格式】选项卡的【艺术字样式】组中，单击【文本轮廓】按钮，从弹出的如图 6-46 所示的菜单中选择所需的轮廓颜色，或者选择轮廓线条样式。

图 6-45　更改艺术字文本填充颜色

图 6-46　更改艺术字文本轮廓

另外，选中艺术字，在【格式】选项卡的【艺术字样式】组中单击对话框启动器按钮，在打开的【设置形状格式】窗格中同样可以对艺术字进行编辑操作。

【例 6-7】在幻灯片中设置艺术字的样式。

(1) 继续【例 6-6】的操作，选中幻灯片中输入的艺术字，在【格式】选项卡的【艺术字样式】组中单击启动器按钮。

(2) 在打开的【设置形状格式】对话框中选中【文本填充轮廓】选项卡，然后在该选项卡中展开【文本填充】选项区域，如图 6-47 所示。

计算机 基础与实训教材系列

(3) 在【文本填充】选项区域中设置艺术字文本的填充效果后，展开【文本边框】选项区域，并在该选项区域中设置艺术字文本的边框效果，如图 6-48 所示。

图 6-47 【文本填充】选项区域

图 6-48 【文本边框】选项区域

(4) 在【设置形状格式】窗格中选择【文本效果】选项卡，然后在该选项卡中为艺术字文本设置【阴影】效果，如图 6-49 所示。

(5) 完成以上设置后，幻灯片中艺术字的效果如图 6-50 所示。

图 6-49 【文本选项】选项卡

图 6-50 提数字效果

(6) 在快速访问工具栏中单击【保存】按钮日，保存演示文稿。

3. 设置艺术字形状样式

设置形状样式包含更改艺术字形状样式、形状效果、艺术字边框颜色和形状填充颜色等操作。通过在【格式】选项卡的【形状样式】组中单击相应的按钮，执行对应的操作。

- ⊙ 更改形状样式：选择艺术字后，在【格式】选项卡的【形状样式】组中，单击【其他】按钮┌，从弹出的如图 6-51 所示的形状样式列表中选择所需的艺术字形状样式即可。
- ⊙ 更改形状效果：选择艺术字后，在【格式】选项卡的【形状样式】组中，单击【形状效果】按钮，从弹出的菜单中选择所需的形状效果即可。如图 6-52 所示的是映像效果。

图 6-51 更改艺术字形状样式

图 6-52 更改艺术字形状效果

- ⊙ 更改艺术字的填充颜色：选择艺术字后，在【格式】选项卡的【形状样式】组中，单击【形状填充】按钮，从弹出的菜单中选择颜色、渐变、图片或纹理填充形状等内容，如图 6-53 所示。
- ⊙ 更改艺术字的边框颜色：选择艺术字后，在【格式】选项卡的【形状样式】组中，单击【形状轮廓】按钮，从弹出的菜单中制定形状轮廓颜色、线型和粗细等属性，如图 6-54 所示。

图 6-53 更改艺术字填充颜色

图 6-54 更改艺术字边框颜色

【例6-8】在幻灯片中为艺术字填充颜色和柔滑边缘效果。

(1) 继续【例6-7】的操作，在【设置形状格式】窗格中单击【形状选项】选项，然后选择【填充线条】选项卡，并展开【填充】选项区域。

计算机 基础与实训教材系列

(2) 在【填充】选项区域中设置艺术字的填充颜色和具体的参数，设置艺术字填充颜色效果，如图 6-55 所示。

图 6-55 艺术字的填充颜色效果

(3) 选择【效果】选项卡，然后展开【柔滑边缘】选项区域，并在该选项区域中设置艺术字的效果，如图 6-56 所示。

图 6-56 设置柔滑边缘效果

(4) 在快速访问工具栏中单击【保存】按钮日，保存演示文稿。

6.4 上机练习

本章的上机练习主要练习制作销售工作总结演示文稿，使用户更好地掌握插入艺术字、插入形状和图形的方法和技巧。

(1) 启动 PowerPoint 2013 应用程序，新建一个空白演示文稿，单击【文件】按钮，从弹出的

【文件】菜单中选择【新建】命令，并在中间的窗格中选择【自定义】选项，如图 6-57 所示。

(2) 在打开的【自定义】列表框中双击【自定义 Office 模板】选项，打开如图 6-58 所示的自定义模板列表。

图 6-57　【自定义】列表框

图 6-58　自定义 Office 模板

(3) 在自定义模板列表框中双击【销售工作总结】选项，在打开的对话框中单击【创建】按钮，如图 6-59 所示。

(4) 此时即可新建一个基于模板的新演示文稿，将其以"销售工作总结"为名保存，如图 6-60 所示。

图 6-59　使用模板创建演示文稿

图 6-60　新建演示文稿效果

(5) 在软件左侧的幻灯片缩略图中选择第 2 张幻灯片，打开【插入】选项卡，在【图像】组中单击【图片】按钮。打开【插入图片】对话框，选择所需的图片，单击【插入】按钮，如图 6-61 所示。

(6) 此时，即可在幻灯片中插入图片，然后拖动调节图片的大小和位置，效果如图 6-62 所示。

(7) 打开【插入】选项卡，在【插图】组中单击【形状】按钮，从弹出的【标注】下拉列表中选择【圆角矩形标注】选项，如图 6-63 所示。

(8) 在幻灯片中拖动绘制如图 6-64 所示的图形。

图 6-61 在幻灯片中插入图片

图 6-62 调整图片的大小和位置

图 6-63 【标注】下拉列表

图 6-64 绘制图形

(9) 调整图形的大小和位置，然后右击图形，在弹出的菜单中选中【置于底层】|【置于底层】命令，如图 6-65 所示。

(10) 使用同样的方法绘制多个图形，并设置图形的大小和位置，效果如图 6-66 所示。

图 6-65 将图形置于底层

图 6-66 调整图形

(11) 按住 Ctrl 键选中幻灯片中的 2 个图形，打开【格式】选项卡，在【形状样式】组中单击【其他】按钮▼，在弹出的下拉列表中选中【中等效果，橄榄色，强调颜色 3】选项，设置形状的样式，效果如图 6-67 所示。

图 6-67　为图形设置形状样式

(12) 选中第 3 张幻灯片缩略图，将其显示在幻灯片编辑窗口中，如图 6-68 所示。

(13) 打开【插入】选项卡，在【插图】组中单击【形状】按钮，从弹出的【流程图】下拉列表中选择【流程图-数据】选项，在幻灯片中拖动绘制如图 6-69 所示的图形。

图 6-68　选中第 3 张幻灯片　　　　　　　图 6-69　绘制图形

(14) 选中绘制的图形，然后按住图形上方的 按钮，旋转图形，如图 6-70 所示。

(15) 右击图形，在弹出的菜单中选中【置于底层】|【置于底层】命令，然后将鼠标指针放置在图形上，当指针变为十字形状时拖动调整图形的位置，如图 6-71 所示。

图 6-70　旋转图形　　　　　　　　　图 6-71　调整图形位置

计算机基础与实训教材系列

(16) 使用同样的方法，绘制 3 个图形并调整其在幻灯片中的位置，如图 6-72 所示。

(17) 打开【格式】选项卡，在【形状样式】组中单击【其他】按钮，在弹出的下拉列表中分别为幻灯片中绘制的图形设置一种不同的形状样式，完成后效果如图 6-73 所示。

图 6-72　绘制 3 个图形　　　　　　　图 6-73　设置图形样式

(18) 在软件左侧的幻灯片缩略图中选择第 4 张幻灯片，如图 6-74 所示。

(19) 打开【插入】选项卡，在【插图】组中单击 SmartArt 按钮，打开【选择 SmartArt 图像】对话框。

(20) 在【选择 SmartArt 图形】对话框中选中【垂直图片重点列表】选项后，单击【确定】按钮，如图 6-75 所示，在幻灯片中插入 SmartArt 图形。

图 6-74　选中第 3 张幻灯片　　　　　图 6-75　【选择 SmartArt 图形】对话框

(21) 选中幻灯片中插入的 SmartArt 图形，打开【设计】选项卡在【创建图像】选项组中单击【添加形状】按钮，在弹出的下拉列表中选中【在后面添加形状】选项，如图 6-76 所示。

(22) 右击 SmartArt 图形，在弹出的菜单中选中【置于底层】|【置于底层】命令。

(23) 打开【设计】选项卡，在【SmartArt 样式】选项组中单击【其他】按钮，在弹出的下拉列表中选中【强烈效果】选项，如图 6-77 所示。

(24) 在【SmartArt 样式】选项组中单击【更改颜色】下拉列表按钮，在弹出的下拉列表中选中【彩色范围 着色 2 至 3】选项，如图 6-78 所示。

(25) 此时，第 4 张幻灯片中的 SmartArt 图形的效果如图 6-79 所示。

图 6-76 添加形状

图 6-77 设置 SmartArt 图形样式

图 6-78 更改 SmartArt 图形颜色

图 6-79 SmartArt 图形效果

(26) 在软件左侧的幻灯片缩略图中选择第 5 张幻灯片，打开【插入】选项卡，在【图像】组中单击【图片】按钮，在打开的【插入图片】对话框中选中一个图片文件后，单击【插入】按钮，如图 6-80 所示。

(27) 在【插入】选项卡的【文本】组中单击【艺术字】下拉列表按钮，在弹出的下拉列表中选中一种艺术字样式，如图 6-81 所示。

图 6-80 在幻灯片中插入图片

图 6-81 【艺术字】下拉列表

(28) 在【请再次放置您的文字】文本框中输入艺术字内容后，将鼠标指针放置在文本框边缘并拖动，调整艺术字的位置，如图 6-82 所示。

(29) 打开【开始】选项卡，在【字体】选项组中设置艺术字的字体为【微软雅黑】，字号为36，字体颜色为【红色】。

(30) 使用同样的方法，在幻灯片中再插入一个艺术字，完成后效果如图 6-83 所示。

图 6-82　输入艺术字文本　　　　　　　　图 6-83　在幻灯片中插入艺术字

(31) 在快速访问工具栏中单击【保存】按钮日，保存演示文稿。

6.5 习题

1. 在幻灯片中绘制图形和添加艺术字，使得幻灯片效果如图 6-84 所示。

2. 在幻灯片中插入如图 6-85 所示的三维 SmartArt 图形。

图 6-84　在幻灯片中插入艺术字　　　　　　图 6-85　三维 SmartArt 图形

第7章

使用与设置表格样式

学习目标

在使用 PowerPoint 制作演示文稿时，通常需要使用表格，如制作趋势表、业绩统计表、财务报表等。表格是组织数据最有用的工具之一，能够以易于理解的方式显示数字或者文本。本章将重点介绍 PowerPoint 2013 中表格样式的设计和应用知识，并通过实例的形式巩固和强化理论操作，帮助用户快速掌握正确操作幻灯片中表格的方法和技巧。

本章重点

- ◉ 在幻灯片中快速插入表格
- ◉ 通过手动的方式绘制表格
- ◉ 在表格中输入文本
- ◉ 编辑幻灯片中的表格
- ◉ 设置表格效果
- ◉ 在幻灯片中导入外部表格

7.1 在 PowerPoint 中创建表格

在演示文稿中，有些数据很难通过文字、图片、图形等来表达，如销售数据报告中的数据、生产报表或财务预算等。然而，这些数据用表格来表达却可以一目了然。PowerPoint 2013 为用户提供了表格处理工具。使用它，可以方便地在幻灯片中插入表格，然后在其中输入数据。

7.1.1 快速插入表格

PowerPoint 支持多种快速插入表格的方式。例如，可以在幻灯片中直接插入，也可以从 Word 和 Excel 应用程序中调入。快速插入表格功能能够方便地辅助用户完成表格的输入，提高在幻灯片中添加表格的效率。

1. 通过占位符插入表格

当幻灯片版式为内容版式或文字和内容版式时，可以通过幻灯片中占位符中的【插入表格】项目按钮来创建。其方法很简单，在 PowerPoint 2013 中，单击占位符中的【插入表格】按钮▥，打开【插入表格】对话框，在【行数】和【列数】文本框中输入行数和列数，单击【确定】按钮，即可快速插入表格，如图 7-1 所示。

图 7-1　通过占位符插入表格

2. 通过【表格】组插入表格

除了可以通过占位符插入表格外，还可以通过【表格】组插入。其方法为：打开【插入】选项卡，在【表格】组中单击【表格】下拉按钮，从弹出的下拉列表中选择行数和列数，即可在幻灯片中插入表格，如图 7-2 所示。

图 7-2　通过【表格】组插入表格

另外，在【表格】的菜单中选择【插入表格】命令，打开【插入表格】对话框，在【行数】和【列数】文本框中输入行数和列数，单击【确定】按钮，也可以在幻灯片中插入表格。

【例 7-1】在幻灯片中创建一个 8 行 5 列的表格。

(1) 启动 PowerPoint 2013 应用程序，打开如图 7-3 所示的演示文稿。

(2) 在幻灯片浏览窗格中选中第 3 张幻灯片，然后将鼠标指针插入幻灯片中的文本框内，输入文本"工作分类"，设置其字体为【微软雅黑】，文本字号为 32，字体效果为【阴影】，如图

7-4 所示。

图 7-3　打开演示文稿

图 7-4　设置第 3 张幻灯片标题

(3) 打开【插入】选项卡，在【表格】组中单击【表格】按钮，从弹出的菜单中选择【插入表格】命令，打开【插入表格】对话框，在【列数】和【行数】微调框中输入 5 和 8，如图 7-5 所示。

(4) 单击【确定】按钮，即可在第 2 张幻灯片中插入一个 8 行 5 列的表格，如图 7-6 所示。

图 7-5　【插入表格】对话框

图 7-6　在幻灯片中插入表格

(5) 在快速访问工具栏中单击【保存】按钮🖫，保存演示文稿。

3. 调用 Word 及 Excel 表格

使用 PowerPoint 2013 的插入对象功能，可以在幻灯片中直接调用 Word 和 Excel 应用程序，从而将表格以外部对象插入到 PowerPoint 中。调用程序后，表格的编辑方法与直接使用 Word 和 Excel 程序一样。当编辑完表格后，在插入对象外的任意处单击，即可返回 PowerPoint 界面。如果需要再次编辑该表格，双击即可再次进入 Word 和 Excel 编辑状态。

打开【插入】选项卡，在【表格】选项组中单击【表格】下拉按钮，在弹出的下拉列表中选择【Excel 电子表格】选项，即可调用 Excel 2013 程序，在幻灯片中插入一个 Excel 电子表格，如图 7-7 所示。

图 7-7　插入一个 Excel 电子表格

【例 7-2】在 PowerPoint 2013 中使用插入对象功能，在幻灯片中插入 Excel 表格。

(1) 重复【例 7-1】步骤(1)~(3)的操作，打开【插入】选项卡，在【文本】组中单击【对象】按钮□，如图 7-8 所示。

(2) 打开【插入对象】对话框，选中【由文件创建】单选按钮，单击【浏览】按钮，如图 7-9 所示。

图 7-8　【文本】选项组　　　　　　　图 7-9　【插入对象】对话框

(3) 打开【浏览】对话框，选择要插入的 Excel 表格，单击【确定】按钮，如图 7-10 所示。

(4) 返回至【插入对象】对话框，在【文件】文本框中显示 Excel 文件所在的路径，单击【确定】按钮，即可在幻灯片中显示调用了的 Excel 文件，如图 7-11 所示。

图 7-10　【浏览】对话框　　　　　　　图 7-11　在幻灯片中插入表格对象

(5) 双击表格，进入 Excel 表格编辑状态，在其中使用 Excel 的相关功能可以编辑和设置表格，如图 7-12 所示。

(6) 在幻灯片中任意处单击，退出表格编辑状态，拖动 Excel 表格边框，使其大小和使用表格的面积大小相同，效果如图 7-13 所示。

图 7-12　编辑表格

图 7-13　调节表格大小和位置

(7) 在快速访问工具栏中单击【保存】按钮日，保存演示文稿。

7.1.2　手动绘制表格

日常工作中，如果 PowerPoint 所提供的插入表格的功能难以满足用户需求，那么可以通过 PowerPoint 2013 的绘制表格功能来解决一些实际问题。

打开【插入】选项卡，在【表格】组中单击【表格】按钮，从弹出的菜单中选择【绘制表格】命令，当光标变成【笔】形状 时，进行拖动，绘制表格的外框，如图 7-14 所示。

图 7-14　绘制表格外框

此时，自动打开【表格工具】的【设计】选项卡，在【绘图边框】组中单击【绘制表格】按钮，将光标移至为边框内部(表格内部)，绘制出表格的行和列，如图 7-15 所示。再次单击【绘制表格】按钮，可结束表格的绘制操作。

图 7-15　绘制表格内部边框

提示

要擦除单元格、行或列中的线条，可以首先选中表格，在【设计】选项卡的【绘图边框】组中单击【橡皮擦】按钮或按住 Shift 键单击线条即可。

7.1.3　在表格中输入文本

创建完表格后，将光标定位在任意一个单元格中，用户可以在其中输入文本。输入完一个单元格内容后可以切换到其他单元格中继续输入。

【例 7-3】在【工作展望】演示文稿中为表格输入文本。

(1) 继续【例 7-1】的操作，打开【工作展望】演示文稿。

(2) 在左侧的幻灯片预览窗格中选择第 3 张幻灯片缩略图，将其显示在幻灯片编辑窗口中。

(3) 将光标定位在第 1 行第 1 列的单元格中，在单元格中输入"职务名称"，如图 7-16 所示。

(4) 按 Tab 键或小键盘的←、→、↓和↑键切换到其他单元格中继续输入文本，输入完成后的效果如图 7-17 所示。

图 7-16　在第一个单元格中输入文本　　　　图 7-17　在表格中输入文本

(5) 在快速访问工具栏中单击【保存】按钮日，保存演示文稿。

7.2 编辑表格

插入到幻灯片中的表格不仅可以像文本框和占位符一样被选中、移动、调整大小及删除，还可以对单元格进行编辑，如拆分、合并、添加行和列、设置行高和列宽等。

7.2.1 选定单元格

在编辑表格对象时，需要先选中它，所选中的单元格呈蓝色底纹显示。选择单元格的方法和选择幻灯片中的文本类似，常见的几种选择方法如下所述。

- ◉ 选择单个单元格：将光标移动到表格的单元格的左端线上，当光标变为一个指向右的黑色箭头➤时，单击即可，如图 7-18 所示。

图 7-18 选定单个单元格

- ◉ 选择整行和整列：将光标移动到表格边框的左侧的行标上，当光标变为 ➡ 形状时，单击即可选中该行，如图 7-19 所示；同样将光标移动到表格边框上方的列标上，当光标变为 ↓ 形状时，单击即可选中该列，如图 7-20 所示。

图 7-19 选定行   图 7-20 选定列

- ◉ 选择连续的单元格区域：将光标移动到需选择的单元格区域左上角，拖动至右下角，可选择左上角至右下角之间的单元格区域，如图 7-21 所示。

图 7-21 选定连续的单元格区域

◉ 选择整个表格：将光标移动到任意单元格中，然后按 Ctrl+A 组合键，即可选中整个表格。

在选择单元格时，选择一行或一列后，向相应方向进行拖动，即可选择多行或多列。而如果发现选择错误了，单击任意区域即可取消选中单元格或单元格区域。

另外，将光标定位在指定单元格中，打开【表格工具】的【布局】选项卡，在【表】组中单击【选择】按钮，从弹出的菜单中选择【选择表格】命令，即可选中整个表格；选择【选择列】命令，即可选择指定单元格所在的整列；选择【选择行】命令，即可选择指定单元格所在的整行，如图 7-22 所示。

图 7-22 【布局】选项卡

⑦.2.2 插入与删除行、列

在编辑表格时，如果发现表格的行、列数不够，则可插入行、列；如果表格中的行、列数超过了需求，则可将多余的行或列删除。

1. 插入行或列

通常情况下，用户可以通过【表格工具】的【布局】选项卡中的【行和列】组来插入行或列。在表格中插入行或列，可以分为在上方插入行或下方插入行，在左侧插入列或在右侧插入列这 4 种情况，具体介绍如下。

◉ 在行的上方插入行：将光标移至插入位置，在【行和列】组中单击【在上方插入】按钮。
◉ 在行的下方插入行：将光标移至插入位置，在【行和列】组中单击【在下方插入】按钮。
◉ 在列的左侧插入列：将光标移至插入位置，在【行和列】组中单击【在左侧插入】按钮。
◉ 在列的右侧插入列：将光标移至插入位置，在【行和列】组中单击【在右侧插入】按钮。

知识点

　　选择几行或几列后，在【行和列】组中单击相应的按钮，可以在表格中插入与选择行或列的数目相同的几行或几列。另外，使用右键菜单同样可以执行行或列的插入操作，右击选中的行或列，从弹出的菜单中选择【插入】命令，在弹出的子菜单中选择【在上方插入行】、【在下方插入行】、【在左侧插入列】或【在右侧插入列】命令即可。

2. 删除行或列

选择将删除的行或列，打开【表格工具】的【布局】选项卡，在【行和列】组中单击【删除】下拉按钮，从弹出的菜单中选择【删除行】或【删除列】命令，即可快速地删除行或列。如图 7-23 所示的是删除列的操作过程。

图 7-23 删除列

 知识点

选择将删除的行或列，在【开始】选项卡的【剪贴板】组中，单击【剪切】按钮，或者右击选中的行或列，从弹出的快捷菜单中选择【删除行】或【删除列】命令，同样可以实现删除行或列的操作。

7.2.3 调整行高与列宽

一般情况下，刚创建的表格的行高和列宽都是默认值。由于每个单元格中的内容并不是相等的，因此需要对表格的列宽和行高进行适当调整。在 PowerPoint 2013 中，调整行高和列宽的方法有两种：一种是使用鼠标拖动进行调整，另一种是通过【单元格大小】组来调整。

1. 使用鼠标拖动调整

使用鼠标拖动调整行高和列宽是最常用的方法，将光标移至表格的行或列边界上，当光标变为双向箭头形状┤┠或╤时，拖动调整列宽或行高。如图 7-24 所示的是使用鼠标调节列宽的操作过程。

图 7-24 调整表格的列宽

2. 通过【单元格大小】组调整

将鼠标光标定位在需要调整行高和列宽的单元格内，打开【表格工具】的【布局】选项卡，在【单元格大小】组中的【高度】和【宽度】微调框中输入相应的数值，即可快速调整表格的行高和列宽。

【例 7-4】在【工作展望】演示文稿中调整表格的行高和列宽。

(1) 启动 PowerPoint 2013 应用程序，打开【工作展望】演示文稿。

(2) 在左侧的幻灯片预览窗格中选择第 3 张幻灯片缩略图，将其显示在幻灯片编辑窗口中。

(3) 选中表格，打开【表格工具】的【布局】选项卡，在【单元格大小】组的【高度】和【宽度】微调框中分别输入"10 厘米"和"20 厘米"，自动调节表格，如图 7-25 所示。

图 7-25 通过【单元格大小】组调整行高和列宽

(4) 选中表格，将鼠标指针移动至表格四周边框中，待鼠标指针变为形状时，拖动表格至幻灯片中的合适位置，释放鼠标，即可完成表格的移动，如图 7-26 所示。

图 7-26 移动表格

⑦.2.4 合并和拆分单元格

将两个或多个相邻的单元格合并为一个单元格叫做合并单元格，而将一个单元格拆分为两个或多个相邻的单元格叫做拆分单元格。在编辑单元格时，用户可以通过【表格工具】的【布局】选项卡的【合并】组来实现合并与拆分单元格操作。

1. 合并单元格

在幻灯片中选择需要合并的表格单元格，打开【布局】选项卡，在【合并】组中单击【合并单元格】按钮，即可快速合并单元格，如图 7-27 所示。

图 7-27　合并单元格

2. 拆分单元格

在表格中选择拆分的单元格，打开【布局】选项卡，在【合并】组中单击【拆分单元格】按钮，打开【拆分单元格】对话框，在微调框中输入将拆分的行数与列数，单击【确定】按钮，即可实现单元格的拆分操作，如图 7-28 所示。

图 7-28　拆分单元格

7.3　美化表格

在 PowerPoint 2013 中，用户可以通过设置表格文本格式、设置表格对齐方式、设置表格的填充效果、应用表格样式等操作来美化表格的外观。

计算机 基础与实训教材系列

⑦.3.1 设置表格文本格式

设置表格文本格式是指设置表格中文本的字形、字号、字体及颜色、艺术字样式等。下面将以具体实例来介绍设置表格文本格式的方法。

【例7-5】在【工作展望】演示文稿中设置表格文本格式。

(1) 打开【工作展望】演示文稿，在左侧的幻灯片预览窗格中选择第3张幻灯片缩略图。

(2) 选择表格中的第1行单元格，打开【开始】选项卡，在【字体】组中，单击【字体】下拉按钮，从弹出的下拉列表中选择【隶书】选项，如图7-29所示。

(3) 在【开始】选项卡的【字体】组中，单击【字体颜色】下拉按钮，从弹出的颜色面板中选择【黄色】色块，为文本应用该颜色，如图7-30所示。

图 7-29 设置文本字体

图 7-30 设置文本颜色

(4) 选择表格的第2~8行第1列单元格中的文本，打开【开始】选项卡，在【字体】组中单击【字符间距】下拉按钮，从弹出的下拉列表中选择【其他间距】选项，如图7-31所示。

(5) 打开【字体】对话框，单击【间距】下拉列表按钮，在弹出的下拉列表中选中【加宽】选项，在【度量值】文本框中输入参数30，并单击【确定】按钮，如图7-32所示。

图 7-31 【字符间距】下拉列表

图 7-32 【字体】对话框

(6) 单击【字号】下拉列表按钮，在弹出的下拉列表中选中 12 选项，如图 7-33 所示。

(7) 完成以上设置后，表格中字体的格式效果如图 7-34 所示。

图 7-33　【字号】下拉列表

图 7-34　表格文本字体效果

(8) 在快速访问工具栏中单击【保存】按钮日，保存演示文稿。

7.3.2　设置表格对齐方式

使用表格对齐方式，可以规范表格中的文本，使表格外观整齐。在表格中，文本默认是靠左上侧对齐。如果要设置对齐方式，可以通过打开【表格工具】的【布局】选项卡的【对齐方式】组，并单击其中的 7 个对齐按钮，即可完成操作。这 7 个对齐按钮的功能如表 7-1 所示。

表 7-1　对齐按钮的功能

按　钮	名　称	作　用
≡	左对齐	将表格中的文本左对齐
≡	居中	将表格中的文本居中对齐
≡	右对齐	将表格中的文本右对齐
🗏	顶端对齐	将表格中的文本顶端对齐
🗏	垂直居中	将表格中的文本垂直居中对齐
🗏	底端对齐	将表格中定位文本底端对齐

【例 7-6】在【工作展望】演示文稿中设置表格对齐方式。

(1) 启动 PowerPoint 2013 应用程序，打开【工作展望】演示文稿。

(2) 在左侧的幻灯片预览窗格中选择第 3 张幻灯片缩略图，将其显示在幻灯片编辑窗口中。

(3) 选中表格的第 1 行，打开【表格工具】的【布局】选项卡，在【对齐方式】组中单击【居中】按钮，如图 7-35 所示。

(4) 在【对齐方式】组中单击【垂直居中】按钮，如图 7-36 所示。

图 7-35　居中对齐

图 7-36　垂直居中

(5) 选择表格的第 2~8 行第 1 列单元格中的文本，在【布局】选项卡的【对齐方式】组中，单击【垂直居中】和【右对齐】按钮，如图 7-37 所示。

(6) 此时，表格中文本的对齐效果如图 7-38 所示。

图 7-37　设置对齐方式

图 7-38　表格文本对齐效果

(7) 在快速访问工具栏中单击【保存】按钮┗，保存演示文稿。

知识点

选择表格中的文本后，打开【表格工具】的【布局】选项卡，在【对齐方式】组中，单击【文字方向】下拉按钮，在弹出的菜单中选择对应文字方向，如横排、竖排、旋转 90°或 270°、堆积等，即可快速地应用系统预设的文字方向。若选择【其他选项】命令，打开【设置文本效果格式】对话框，在该对话框中同样可以设置表格的方向。

⑦.3.3　设置表格填充效果

在 PowerPoint 2013 中，可以为表格设置纯色、渐变、纹理或图片等填充效果。下面将逐一介绍这些填充效果的设置方法。

1. 设置纯色填充

在 PowerPoint 2013 中，为了突出表格中的特殊数据，用户可以为单个单元格、单元格区域或

整个表格设置不同的纯色填充色。选择目标单元格或整个表格后，打开【表格工具】的【设计】
选项卡，在【表格样式】组中单击【底纹】下拉按钮 ，从弹出的如图 7-39 所示的颜色面板中
选择一种颜色。若选择【其他填充颜色】命令，则可打开【颜色】对话框，在【标准】和【自定
义】选项卡中可以自定义填充颜色，如图 7-40 所示。

图 7-39　【底纹】下拉列表

图 7-40　【颜色】对话框

【例 7-7】在【工作展望】演示文稿中为目标单元格设置填充色。

(1) 启动 PowerPoint 2013 应用程序，打开【公司业绩考核报告】演示文稿。

(2) 在左侧的幻灯片预览窗格中选择第 3 张幻灯片缩略图，将其显示在幻灯片编辑窗口中。

(3) 选中第 3 列的单元格，打开【表格工具】的【设计】选项卡，在【表格样式】组中单击
【底纹】下拉按钮 ，在弹出的菜单中选择【其他填充颜色】命令。

(4) 打开【颜色】对话框的【标准】选项卡，选择如图 7-41 所示的色块，单击【确定】按钮，
为选中的单元格应用填充色，效果如图 7-42 所示。

图 7-41　【标准】选项卡

图 7-42　应用填充颜色

(5) 使用同样的方法，为第 5 和第 7 行单元格设置填充色。

(6) 选中第 1 行单元格，在【表格样式】组中单击【底纹】下拉按钮 ，在弹出的菜单中选
择【其他填充颜色】命令，打开【颜色】对话框。

(7) 打开【自定义】选择框，设置 RGB=(150，156，109)，单击【确定】按钮，如图 7-43 所示。

(8) 此时，将自动为选中的单元格填充自定义的颜色，效果如图 7-44 所示。

图 7-43 【自定义】选项卡

图 7-44 应用自定义填充色

(9) 在快速访问工具栏中单击【保存】按钮日，保存演示文稿。

2. 设置渐变填充

要设置渐变填充色，可以选择单元格区域或整个表格，打开【表格工具】的【设计】选项卡，在【表格样式】组中单击【底纹】下拉按钮 ，从弹出的菜单中选择【渐变】命令，然后在弹出的列表中选择一种样式即可，如图 7-45 所示。如图 7-46 所示的是为表格第 3 行设置填充【线性对角】渐变样式的效果。

图 7-45 【渐变】列表

图 7-46 【线性对角】渐变样式

3. 设置纹理填充

要设置纹理填充色，选择单元格区域或整个表格，打开【表格工具】的【设计】选项卡，在【表格样式】组中单击【底纹】下拉按钮 ，从弹出的菜单中选择【纹理】命令，然后在弹出的列表中选择一种纹理样式即可，如图 7-47 所示。如图 7-48 所示的是为表格第 5 行填充【水滴】纹理样式的效果。

图7-47　【纹理】列表

图7-48　【水滴】纹理样式

4. 设置图片填充

选择单元格区域或整个表格，打开【表格工具】的【设计】选项卡，在【表格样式】组中单击【底纹】下拉按钮，从弹出的菜单中选择【图片】命令，打开【插入图片】对话框，选择一张图片，单击【插入】按钮，即可将图片设置单元格区域的填充效果。

【例7-8】在【工作展望】演示文稿中将图片设置为单元格的填充背景。

(1) 启动 PowerPoint 2013 应用程序，打开【工作展望】演示文稿。

(2) 在左侧的幻灯片预览窗格中选择第2张幻灯片缩略图，将其显示在幻灯片编辑窗口中。

(3) 选择第7行单元格，打开【表格工具】的【设计】选项卡，在【表格样式】组中单击【底纹】下拉按钮，在弹出的菜单中选择【图片】命令，打开【插入图片】对话框。

(4) 在对话框中选择一张图片，然后单击【插入】按钮，将其应用到目标单元格中，如图7-49所示。

(5) 此时，表格第7行单元格的效果如图7-50所示。

图7-49　【插入图片】对话框

图7-50　设置单元格图片背景

(6) 在快速访问工具栏中单击【保存】按钮，保存演示文稿。

5. 自定义表格背景

在 PowerPoint 2013 中，用户可以根据设计需要，将图片自定义为表格的背景，使其符合幻灯片整体设计的需求。

【例 7-9】在【工作展望】演示文稿中自定义表格背景。

(1) 选中整个表格，打开【表格工具】的【设计】选项卡，在【表格样式】组中单击【底纹】下拉按钮，从弹出的菜单中选择【表格背景】|【取色器】命令，如图 7-51 所示。

(2) 在窗口中的色块中单击，即可为表格设置如图 7-52 所示的背景。

图 7-51　使用取色器

图 7-52　自定义表格背景

(3) 在快速访问工具栏中单击【保存】按钮，保存演示文稿。

⑦.3.4　应用表格样式

如果用户希望表格更加美观、更加符合整个演示文稿的风格，那么可以套用 PowerPoint 2013 内置的表格样式，从而快速改变表格的外观。

应用表格样式的方法很简单，选中整个表格，打开【表格工具】的【设计】选项卡，在【表格样式】组中单击【其他】按钮，从弹出的下拉列表中选择一种内置的表格样式，如选择【浅色样式 2-强调 6】选项，即可为表格自动套用该样式，效果如图 7-53 所示。

图 7-53　自动套用表格样式

7.4　上机练习

本章的上机练习综合应用 PowerPoint 2013 提供的表格功能，设计一个名为【基金投资分析】的商务演示文稿。

(1) 启动 PowerPoint 2013 应用程序，打开一个空白演示文稿。单击【文件】按钮，在弹出的【文件】菜单中选择【新建】命令，并在中间的窗格中单击【演示文稿】选项，如图 7-54 所示。

(2) 在打开的选项区域中单击【分类】列表框中的【培训】选项，如图 7-55 所示。

图 7-54　新建演示文稿

图 7-55　【分类】列表框

(3) 在随后显示的模板列表框中单击一种模板，在打开的对话框中单击【创建】按钮，如图 7-56 所示。

(4) 此时，将使用选定的模板创建如图 7-57 所示的演示文稿。

图 7-56　选择模板

图 7-57　使用模板创建演示文稿

(5) 在软件左侧的窗格中选中第 1 张幻灯片，选择【插入】选项卡，在【幻灯片】组中单击【新建幻灯片】下拉列表按钮，在弹出的下拉列表中选择【标题和内容】选项，如图 7-58 所示，创建一张空白幻灯片。

(6) 选中创建的幻灯片，在内容占位符中单击【插入表格】按钮，如图 7-59 所示。

图 7-58　【新建幻灯片】下拉列表

图 7-59　插入表格

(7) 打开【插入表格】对话框，在【列数】文本框中输入 5，在【行数】文本框中输入 8，然后单击【确定】按钮，如图 7-60 所示。

(8) 此时，将在内容占位符中插入如图 7-61 所示的表格。

图 7-60　【插入表格】对话框

图 7-61　在占位符中插入表格

(9) 选中插入的表格，打开【设计】选项卡在【表格样式】组中单击【其他】按钮，在弹出的下拉列表中选中一种表格样式，如图 7-62 所示。

(10) 将鼠标指针插入表格后，在表格中输入如图 7-63 所示的内容。

图 7-62　设置表格样式

图 7-63　输入表格内容

(11) 选中表格的第 1 行和第 2 行的第 1 个单元格，打开【布局】选项卡，在【合并】组中单击【合并单元格】选项，合并单元格，如图 7-64 所示。

图 7-64　合并单元格

(12) 使用同样的方法合并第 1 列的第 2~5 个单元格，然后在合并后的单元格中输入文本，如图 7-65 所示。

(13) 在【单击此处添加标题】占位符中输入标题文本，并设置文本格式。

(14) 选中幻灯片中的表格，将鼠标指针放置在表格边缘，当指针变为十字形状时，按住并拖动，调整表格的位置。

(15) 按住并拖动表格四周的控制点，调整表格的大小，完成后表格效果如图 7-66 所示。

图 7-65　在合并后的单元格中输入文本

图 7-66　调整表格的大小和位置

计算机基础与实训教材系列

(16) 选中第 1 行和第 2 行的单元格，打开【布局】选项卡，在【对齐方式】组中单击【居中】和【垂直居中】按钮，如图 7-67 所示。

(17) 打开【设计】选项卡，在【表格样式】组中单击【底纹】下拉列表按钮，在弹出的下拉列表中选中【其他填充颜色】选项，如图 7-68 所示。

图 7-67　设置单元格内文本居中

图 7-68　设置单元格填充颜色

(18) 打开【颜色】对话框，选择【自定义】选项卡，在【红色】文本框中输入 9，在【绿色】

文本框中输入 141，在【蓝色】文本框中输入 22，如图 7-69 所示。

(19) 单击【确定】按钮后，幻灯片中的表格效果如图 7-70 所示。

图 7-69　【颜色】对话框

图 7-70　表格效果

(20) 在快速访问工具栏中单击【保存】按钮日，保存演示文稿。

⑦.5　习题

1. 简述如何在幻灯片中的表格中插入行和列。
2. 简述如何在幻灯片中调整表格单元格的行高和列宽。

第8章

插入与编辑图表样式

学习目标

图表是一种将数据变为可视化图的表达形式，主要用于演示数据和比较数据，图表具有较强的说服力，能够正确、直观的表现数据。本章将主要介绍在 PowerPoint 2013 中插入与图表的相关知识与基本操作。

本章重点

- ◉ 在幻灯片中插入图表
- ◉ 设置图表的类型
- ◉ 设置图表的属性
- ◉ 添加运算图表和数据标签
- ◉ 设置图表的格式

8.1 在 PowerPoint 中添加图表

与文字数据相比，形象直观的图表更容易让人理解，它以简单易懂的方式反映了各种数据关系。PowerPoint 附带了一种 Microsoft Graph 的图表生成工具，它能提供各种不同的图表来满足用户的需要，使得创建图表的过程简便而且自动化。

8.1.1 插入图表

在 PowerPoint 2013 中打开【插入】选项卡，在【插图】组中单击【图表】按钮，打开【插入图表】对话框，如图 8-1 所示，该对话框中提供了 11 类 70 多种图表类型，每种类型可以分别用来表示不同的数据关系。

图 8-1　打开【插入图表】对话框

计算机 基础与实训教材系列

【例 8-1】在演示文稿中插入图表。

(1) 启动 PowerPoint 2013 应用程序，打开如图 8-2 所示的【商业小册子】演示文稿。

(2) 在左侧的幻灯片预览窗格中选择第 3 张幻灯片缩略图，将其显示在幻灯片编辑窗口中，如图 8-3 所示。

图 8-2　【商业小册子】演示文稿　　　　　　图 8-3　选中第 3 张幻灯片

(3) 打开【插入】选项卡，在【插图】组中单击【图表】按钮，打开【插入图表】对话框。

(4) 在【插入图表】对话框左侧的列表框中【折线图】选项，在右侧【折线图】选项区域中选择一种样式，单击【确定】按钮，如图 8-4 所示。

(5) 此时，即可在幻灯片中插入图表。PowerPoint 2013 软件将启动 Excel 2013 显示图表反映的数据，如图 8-5 所示。

(6) 在 Excel 2013 中输入需要在图表中表现的数据，拖动蓝色框线调节显示区域，如图 8-6 所示。

(7) 返回到幻灯片编辑窗口，可以看到编辑数据后的图表，如图 8-7 所示。

(8) 在快速访问工具栏中单击【保存】按钮日，保存插入图表后的【商业小册子】演示文稿。

图 8-4　选择图表类型

图 8-5　启动 Excel 2013

图 8-6　调节图表显示区域

图 8-7　在幻灯片中插入的图表效果

知识点

　　PowerPoint 中图表是由图标区域及区域中的元素组成，其元素主要包括标题、垂直(值)轴、水平(分类)轴、书籍系列等对象。图表中的每个数据点都与工作表的单元格数据相对应，而图例则显示了图表数据的种类与对应的颜色。

⑧.1.2　更改图表位置和大小

　　在幻灯片中创建完图表后，用户可以通过更改图表的位置和大小，使其符合幻灯片大小。下面以具体实例来介绍其方法。

　　【例 8-2】在演示文稿中更改图表的位置和大小。

　　(1) 继续【例 8-1】的操作，选中幻灯片中插入的图表，打开【图表工具】的【格式】选项卡，在【大小】组中的【高度】和【宽度】微调框中输入"12 厘米"和"18 厘米"，按 Enter 键，完成图表大小的设置操作，效果如图 8-8 所示。

图 8-8　调整图表高度和宽度

(2) 选中图表，将光标移至图表边框或图表空白处，当其变为四向箭头时，拖动到合适的位置后，释放鼠标，即可更改图表位置，效果如图 8-9 所示。

图 8-9　调整图表的位置

(3) 在快速访问工具栏中单击【保存】按钮日，保存【商业小册子】演示文稿。

知识点

选中幻灯片中的图表，将光标移至图表边框的控制点上，当其变为双向箭头时，进行拖动同样可以调节图表大小。

⑧.1.3　更改图表的类型

如果创建图表后发现选择的图表并不能直观地反映数据，可以将其更改为另一种更合适的类型。用户可以使用以下 3 种方法实现图表类型的更改。

- 通过【图表工具】的【设计】选项卡更改：打开【图表工具】的【设计】选项卡，在【类型】组中单击【更改图表类型】按钮，打开【更改图表类型】对话框，在其中选择一种图表类型，单击【确定】按钮即可，如图 8-10 所示。

图 8-10 通过【设计】选项卡更改图表类型

- 通过右击更改：右击图表，在弹出的快捷菜单中选择【更改图表类型】命令，同样打开【更改图表类型】对话框，在其中选择一种图表类型，单击【确定】按钮即可。

- 通过【插入】选项卡更改：选中图表，打开【插入】选项卡，在【插图】组中单击【图表】按钮，打开【更改图表类型】对话框，在其中选择一种图表类型，单击【确定】按钮即可。

【例 8-3】在演示文稿中更改图表的类型。

(1) 继续【例 8-2】的操作，选中幻灯片中的图标，然后右击，在弹出的菜单中选中【更改图表类型】选项，如图 8-11 所示。

(2) 打开【更改图表类型】对话框，然后在该对话框中选中【条形图】|【簇状条形图】选项，并单击【确定】按钮，如图 8-12 所示。

图 8-11 通过右击图表更改图表类型

图 8-12 【更改图表类型】对话框

(3) 在快速访问工具栏中单击【保存】按钮日，保存【商业小册子】演示文稿。

⑧.2 美化图表效果

完成图表的基本编辑操作后，如果图表的整体效果不够美观，用户还可以通过设置图表样式、图表布局、图表背景颜色等操作来美化图表。

⑧.2.1 设置图表样式

和表格一样，PowerPoint 同样为图表提供了图表样式，图表样式可以使一个图表应用不同的颜色方案、阴影样式、边框格式等。在幻灯片中选中插入的图表，将显示【图表工具】的【设计】选项卡，在【图表样式】组中单击☐按钮，弹出如图 8-13 所示的快速样式选择列表，用户可以在该列表中选择需要的样式即可。

图 8-13 通过【设计】选项卡设置图表样式

【例 8-4】在演示文稿中设置图表的样式。

(1) 继续【例 8-3】的操作，选中幻灯片中的图表后在【设计】选项卡的【图表样式】组中单击【其他】按钮☐按钮，在弹出的下拉列表中选择【样式 9】选项，如图 8-14 所示。

(2) 此时，幻灯片中的图表效果如图 8-15 所示。

图 8-14 【图表样式】下拉列表　　图 8-15 图表样式修改效果

8.2.2　设置图表布局

设置图表布局是指设置图表标题、图例、数据标签、数据表等元素的显示方式，用户可以在【设计】选项卡的【图表布局】选项组中进行设置。

【例 8-5】在演示文稿中设置图表的标题效果、图例项标示、轴标题、趋势线、误差线、网格线、图例。

(1) 在 PowerPoint 2013 中打开演示文稿，并选中第 5 张幻灯片，如图 8-16 所示。

(2) 选中幻灯片中的图表后，在【设计】选项卡的【图表布局】组中单击【添加图表元素】按钮，在弹出的下拉列表中选择【图表标题】|【其他标题选项】选项，如图 8-17 所示。

图 8-16　打开演示文稿

图 8-17　【添加图表元素】下拉列表

(3) 打开【设置图表标题格式】窗格，然后单击【文本选项】按钮，并选择【文本填充轮廓】选项卡，如图 8-18 所示。

(4) 选中【纯色填充】下拉列表按钮，然后单击【颜色】按钮，在弹出的下拉列表中选中【红色】选项，设置图表标题的颜色，如图 8-19 所示。

图 8-18　【添加图表元素】下拉列表

图 8-19　【文本填充轮廓】选项卡

(5) 选中幻灯片中的图表，在【图表布局】组中单击【添加图表元素】按钮，在弹出的下拉

列表中选择【数据表】|【显示图例项标示】选项，如图 8-20 所示。

(6) 此时，幻灯片中的图标将显示如图 8-21 所示的图例项标示。

图 8-20　显示图例项标示

图 8-21　在图表中显示图例项

(7) 在【图表布局】组中单击【添加图表元素】按钮，在弹出的下拉列表中选择【轴标题】|【主要纵坐标轴】选项，如图 8-22 所示。

(8) 此时，将在图表中显示主要纵坐标轴标题，将鼠标指针插入纵坐标轴标题栏中，然后输入文本"1 到 6 月份"，如图 8-23 所示。

图 8-22　设置图标题

图 8-23　显示主要纵坐标轴标题

(9) 在【图表布局】组中单击【添加图表元素】按钮，在弹出的下拉列表中选择【趋势线】|【指数】选项，打开【添加趋势线】对话框。

(10) 在【添加趋势线】对话框中选择【系列 2】选项，然后单击【确定】按钮，即可在图表中添加如图 8-24 所示的趋势线。

(11) 在【图表布局】组中单击【添加图表元素】按钮，在弹出的下拉列表中选择【网格线】|【主轴主要垂直网格线】和【主轴主要水平网格线】选项，如图 8-25 所示。

(12) 此时，图表中的网格线效果如图 8-26 所示。

图 8-24 添加趋势线

图 8-25 设置显示网格线

图 8-26 图表网格线效果

(13) 在【图表布局】组中单击【添加图表元素】按钮，在弹出的下拉列表中选择【误差线】|【标准误差】选项，在图表中显示如图 8-27 所示的误差线。

(14) 在【图表布局】组中单击【添加图表元素】按钮，在弹出的下拉列表中选择【图例】|【左侧】选项，在图表中调整图例的显示位置，如图 8-28 所示。

图 8-27 设置显示误差线

图 8-28 调整图例的显示位置

(15) 在快速访问工具栏中单击【保存】按钮，保存设置图表后的演示文稿。

提示

若要改变图表绘图区的背景色，可以右击绘图区，在弹出的快捷菜单中选择【设置图表区域格式】命令，打开【设置图表区域格式】窗格，在该窗格的【填充】选项区域中选择需要填充效果即可。

8.3 设置图表格式

在 PowerPoint 2013 中，用户可以对图表的图表区和绘图区的格式进行设置，使其更好地在幻灯片中表现出图表演示作用。

8.3.1 设置图表区格式

图表区指的是整个图表的显示区域，其中包括了图表中颜色、填充等所有的组件。在 PowerPoint 2013 中设置图表区格式的方法如下。

(1) 选中图表后，在【图表工具】的【格式】选项卡中单击【形状样式】组中的【形状填充】按钮，如图 8-29 所示。

(2) 在弹出的颜色下拉列表中选择需要的颜色，即可将其应用到图表区的格式中，效果如图 8-30 所示。

图 8-29　【形状填充】下拉列表

图 8-30　设置图表区格式

8.3.2 设置绘图区格式

在 PowerPoint 2013 中，绘图区指的是图表的矩形区域。设置绘图区的方法与设置图表区格式的方法类似，具体如下。

【例 8-6】在演示文稿中设置图表的绘图区格式。

(1) 继续【例 8-5】的操作，选中图表后，在【图表工具】的【格式】选项卡中单击【当前所选内容】组中的【图表元素】按钮，如图 8-31 所示，在弹出的下拉列表中选中【绘图区】选项。

(2) 在【图形样式】组中单击【其他】按钮，在弹出的下拉列表中选中需要的图形样式，如图 8-32 所示。

(3) 此时，绘图区的图形样式效果将如图 8-33 所示。

(4) 在【形状样式】组中单击【形状轮廓】按钮，在弹出的下拉列表中选中【粗细】|【1

磅】选项，如图 8-34 所示。

图 8-31 【当前所选内容】组

图 8-32 设置形状样式

图 8-33 绘图区样式效果

图 8-34 设置形状轮廓

(5) 在【形状样式】组中单击【形状效果】按钮，在弹出的下拉列表中选中【柔化边缘】|【25 磅】选项，如图 8-35 所示。

(6) 此时，图表绘图区的效果如图 8-36 所示。

图 8-35 设置形状效果

图 8-36 绘图区效果

(7) 在快速访问工具栏中单击【保存】按钮，保存设置图表后的演示文稿。

.4 上机练习

本章的上机练习综合应用 PowerPoint 2013 提供的图表功能，制作一个名为"企业考核情况"的演示文稿。

(1) 启动 PowerPoint 2013 应用程序，打开【企业考核情况】演示文稿，并选中第 2 张幻灯片，如图 8-37 所示。

(2) 打开【插入】选项卡，在【插图】选项组中单击【图表】按钮，如图 8-38 所示。

图 8-37 【企业考核情况】演示文稿

图 8-38 【插图】选项组

(3) 打开【插入图表】对话框，在左侧的窗格中选中【柱形图】选项，在右侧的窗格中选中【三维堆积柱形图】选项，如图 8-39 所示。

(4) 单击【确定】按钮，在幻灯片中插入一个如图 8-40 所示的三维堆积柱形图。

图 8-39 【插入图表】对话框

图 8-40 三维堆积柱形图效果

(5) 选中同时打开的 Excel 软件窗口，然后删除其中的预设数据，输入如图 8-41 所示的数据。

(6) 返回 PowerPoint 2013，打开【设计】选项卡，在【数据】选项组中单击【选择数据】按钮，如图 8-42 所示。

图 8-41　输入表格数据

图 8-42　【数据】选项组

(7) 在打开的【选择数据源】对话框中单击【删除】按钮，删除【图例项】列表框中的所有选项，如图 8-43 所示。

(8) 单击■按钮，然后在 Excel 窗口中选中如图 8-44 所示的选项区域，然后按下 Enter 键，设置图表数据区域。

图 8-43　【选择数据源】对话框

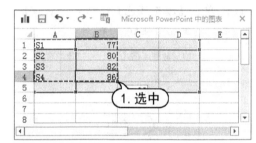

图 8-44　设置图表数据区域

(9) 返回【选择数据源】对话框后，单击【确定】按钮，如图 8-45 所示。

(10) 关闭 Excel 窗口，然后拖动图表四周的控制点，调整图表的大小和位置，效果如图 8-46 所示。

图 8-45　设置数据源

图 8-46　调整图表的大小和位置

(11) 单击图表右侧的【图表元素】按钮➕，在弹出的选项区域中选中【坐标轴】和【网格线】复选框，如图 8-47 所示。

(12) 双击图表中的 S4 数据系列，打开【设置数据点格式】窗格，如图 8-48 所示。

计算机 基础与实训教材系列

图 8-47　设置图表元素

图 8-48　打开【设置数据点格式】窗格

(13) 在【设置数据点格式】窗格中选中【填充线条】选项卡，然后展开【填充】选项区域，并选中【纯色填充】单选按钮，如图 8-49 所示。

(14) 单击【填充颜色】按钮 ，在弹出的颜色选择器中选中【红色】色块，设置 S4 数据系列的颜色，效果如图 8-50 所示。

图 8-49　【填充】选项区域

图 8-50　设置 S1 数据系列的颜色

(15) 使用同样的方法，设置 S1、S2 和 S3 数据系列的颜色，如图 8-51 所示。

(16) 选中制作的图表，按下 Ctrl+C 和 Ctrl+V 组合键，执行复制与粘贴命令，然后选中复制的图表，并调整其在幻灯片中的位置，如图 8-52 所示。

图 8-51　设置其他数据系列的颜色

图 8-52　复制图表

（17）选中幻灯片右侧的图表，在【设计】选项卡的【类型】组中单击【更改图表类型】选项，如图 8-53 所示。

（18）在打开的【更改图表类型】对话框中选中【带数据标记的折线图】选项，然后单击【确定】按钮，如图 8-54 所示。

图 8-53　更改图表类型

图 8-54　【更改图表类型】对话框

（19）在【图表布局】选项组中单击【快速布局】下拉列表按钮，在弹出的下拉列表中选中【布局 9】选项，如图 8-55 所示。

（20）此时，幻灯片右侧的图表效果如图 8-56 所示。

图 8-55　【快速布局】下拉列表

图 8-56　更改图表布局效果

（21）在【设计】选项卡的【数据】组中单击【编辑数据】下拉列表按钮，在弹出的下拉列表中选中【编辑数据】选项，如图 8-57 所示。

（22）打开 Excel 窗口，然后修改其中 B1 单元格中的数据，如图 8-58 所示，完成后单击【关闭】按钮✖。

图 8-57　【编辑数据】下拉列表　　　　　　　图 8-58　修改表格数据

(23) 在软件左侧的窗格中选中第 8 张幻灯片，将其显示在编辑区域中，如图 8-59 所示。

(24) 在【插入】选项卡的【插图】组中单击【图表】选项，打开【插入图表】对话框。

(25) 在【插入图表】对话框左侧的窗格中选中【组合】选项，在右侧的窗格中选中【堆积面积图-簇状柱形图】选项，如图 8-60 所示，然后单击【确定】按钮。

图 8-59　选中第 8 张幻灯片　　　　　　　　图 8-60　【插入图表】对话框

(26) 此时，将在第 8 张幻灯片中插入如图 8-61 所示的组合图表。

(27) 在打开的 Excel 窗口中输入如图 8-62 所示的数据，然后关闭该窗口。

图 8-61　插入组合图表　　　　　　　　　　图 8-62　输入图表数据

(28) 选中幻灯片中的图表，在【设计】选项卡的【图表布局】组中单击【添加图表元素】下拉列表按钮，在弹出的下拉列表中选中【图表标题】|【无】选项，如图 8-63 所示，设置图表不显示标题。

(29) 再次单击【添加图表元素】下拉列表按钮，在弹出的下拉列表中选中【数据表】|【显示图例项标示】选项，在图表中显示如图 8-64 所示的图例项标示。

图 8-63　关闭图表标题

图 8-64　显示图例项标示

(30) 打开【格式】选项卡，在【当前所选内容】组中单击【图表元素】下拉列表按钮，在弹出的下拉列表中选中【系列 "1 月份"】选项，如图 8-65 所示。

(31) 在【形状样式】选项组中单击【形状效果】下拉列表按钮，在弹出的下拉列表中选中【预设】|【预设 2】选项，如图 8-66 所示。

图 8-65　【图表元素】下拉列表

图 8-66　设置图表元素形状效果

(32) 使用同样的方法设置【系列 "2 月份"】和【系列 "3 月份"】数据系列的形状效果，完成后如图 8-67 所示。

(33) 拖动图表四周的控制点，调整其大小和位置，如图 8-68 所示。

图 8-67　设置其他数据系列形状样式　　　　　　图 8-68　调整图表

(34) 在快速访问工具栏中单击【保存】按钮田，保存演示文稿。

8.5　习题

1. 简述如何使用 PowerPoint 2013 在幻灯片中插入图表。
2. 简述如何设置图表的样式与布局。

PowerPoint 的多媒体应用

学习目标

在 PowerPoint 2013 中，用户可以方便地为演示文稿插入视频和音频等多媒体对象，使制作的幻灯片效果从画面到声音，多方位地向观众传递信息。本章将主要介绍在幻灯片中插入声音和影片等的方法，以及对插入的这些多媒体对象设置控制参数的方法。

本章重点

- 在演示文稿中插入声音
- 控制声音的播放效果
- 在演示文稿中插入影片
- 设置影片的观看效果

9.1 在 PowerPoint 中插入声音

声音是制作多媒体幻灯片的基本要素。在制作幻灯片时，用户可以根据需要插入声音，从而向观众增加传递信息的通道，增强演示文稿的感染力。插入声音文件时，需要考虑到演讲效果，不能因为插入的声音影响演讲及观众的收听。

9.1.1 插入联机音频

PowerPoint 2013 可以通过互联网搜索并使用联机音频，用户可以像插入联机图片一样在演示文稿中插入来自互联网的音频文件。

打开【插入】选项卡，在【媒体】组中单击【音频】按钮下方的下拉箭头，在弹出的下拉列表中选择【联机音频】选项。此时 PowerPoint 将自动打开【插入音频】对话框，在该对话框中的文本框内输入需要搜索的关键字，并按下 Enter 键，即可在互联网上搜索联机音频，如图 9-1 所示。

图 9-1　在演示文稿中插入联机音频

⑨.1.2　插入计算机中的音频

当用户需要将计算机中保存的声音文件插入至演示文中中时，可以在【音频】下拉列表中选择【PC 上的音频】选项，打开【插入音频】对话框，在该对话框中选择需要插入的声音文件，并单击【插入】按钮，如图 9-2 所示。此时，PowerPoint 将在当前幻灯片中插入一个如图 9-3 所示的音频图标。

图 9-2　【插入音频】对话框

图 9-3　音频图标

将鼠标指针移动或定位到音频图标后，自动弹出如图 9-4 所示的浮动控制条，单击【播放】按钮▶，即可试听声音。

图 9-4　音频浮动控制条

PowerPoint 2013 允许用户为演示文稿插入多种类型的声音文件，包括各种采集的模拟声音和数字音频。表 9-1 列出了一些常用的音频类型。

表 9-1　音频类型介绍及说明

音频格式	说　明
AAC	ADTS Audio，Audio Data Transport Stream(用于网络传输的音频数据)
AIFF	音频交换文件格式
AU	UNIX 系统下波形声音文档
MIDI	乐器数字接口数据，一种乐谱文件
MP3	动态影像专家组制定的第三代音频标准，也是互联网中最常用的音频标准
MP4	动态影像专家组制定的第四代视频压缩标准
WAV	Windows 波形声音
WMA	Windows Media Audio，支持证书加密和版权管理的 Windows 媒体音频
AAC	ADTS Audio，Audio Data Transport Stream(用于网络传输的音频数据)

【例 9-1】创建【高效 PPT 设计的 7 个习惯】演示文稿，并在该演示文稿中插入来自计算机的音频文件。

(1) 启动 PowerPoint 2013 应用程序，打开一个空白演示文稿。

(2) 单击【文件】按钮，从弹出的【文件】菜单中选择【新建】命令，在显示的选项区域中选择【自定义】选项，并单击【自定义 Office 模板】文件夹，如图 9-5 所示。

(3) 在打开的【自定义 Office 模板】文件夹中单击【高效 PPT 设计的 7 个习惯】模板后，在打开的对话框中单击【创建】按钮，如图 9-6 所示。

图 9-5　【新建】选项区域　　　　　　　　图 9-6　使用模板创建演示文稿

(4) 此时，新建一个基于模板的演示文稿，并将其以【高效 PPT 设计的 7 个习惯】为名保存。

(5) 打开【插入】选项卡，在【媒体】组中单击【音频】下拉按钮，在弹出的命令列表中选择【PC 上的音频】选项，如图 9-7 所示。

(6) 打开【插入声音】对话框，选择一个音频文件，单击【插入】按钮，如图9-8所示。

图9-7　插入PC上的音频

图9-8　选择音频文件

(7) 此时，幻灯片中将出现声音图标，拖动调节其到合适的位置，效果如图9-9所示。

(8) 单击【播放】按钮▶，播放幻灯片中插入的音频，然后单击◀))按钮，调节音频的音量，如图9-10所示。

图9-9　调整音频图标位置

图9-10　播放并调节音量

(9) 在快速访问工具栏中单击【保存】按钮🖫，保存演示文稿。

⑨.1.3　为幻灯片配音

在演示文稿中不仅可以插入已有的各种声音文件，还可以现场录制声音(即配音)，如为幻灯片配解说词等。这样，在放映演示文稿时，制作者不必亲临现场也可以很好地将自己的观点表达出来。

使用PowerPoint 2013提供的录制音频功能，可以将自己的声音插入到幻灯片中。打开【插入】选项卡，在【媒体】组中单击【声音】按钮下方的下拉箭头，从弹出的下拉菜单中选择【录制音频】命令，打开【录音】对话框，如图9-11所示。

图 9-11　打开【录音】对话框

准备好麦克风后，在【名称】文本框中输入该段录音的名称，然后单击【录音】按钮 ，即可开始录音。

单击【停止】按钮 ，可以结束该次录音；单击【播放】按钮 ，可以回放录制完毕的声音；单击【确定】按钮，可以将录制完毕的声音插入到当前幻灯片中。

💿 **提示**

> 要正常录制声音，计算机必须要配备有声卡和麦克风。当插入录制的声音后，PowerPoint 将在当前幻灯片中自动创建一个声音图标 。

⑨.2　控制声音效果

PowerPoint 2013 不仅允许用户为演示文稿插入音频，还允许用户控制声音播放，并设置音频的各种属性。

⑨.2.1　试听音频播放效果

用户可以在设计演示文稿时，试听插入的声音。选中插入的音频，此时自动打开浮动控制条，单击【播放】按钮 ，即可试听声音播放效果，如图 9-9 所示。

单击浮动控制条中各按钮的功能说明如下。

- ◉ 【播放】按钮 ：用于播放声音。
- ◉ 【向后移动】按钮 ：可以将声音倒退 0.25s。
- ◉ 【向前移动】按钮 ：可以将声音快进 0.25s。
- ◉ 【音量】按钮 ：用于音量控制。当单击该按钮时，会弹出音量滑块，向上拖动滑块为放大音量，向下拖动滑块为缩小音量。
- ◉ 【播放/暂停】按钮 ：用于暂停播放声音。

⑨.2.2　设置音频属性

在幻灯片中选中声音图标，功能区将出现【音频工具】的【播放】选项卡，如图 9-12 所示。

图 9-12 【音频工具】的【播放】选项卡

【播放】选项卡中各选项的含义如下。

- 【播放】按钮：单击该按钮，可以试听声音效果，再次单击该按钮即可停止收听。
- 【添加书签】按钮：单击该按钮，可以在音频剪辑中的当前时间添加书签。
- 【剪裁音频】按钮：单击该按钮，打开【剪裁音频】对话框，如图 9-13 所示，在其中可以手动拖动进度条中的绿色滑块，调节剪裁的开始时间，同时也可以调节红色滑块，修改剪裁的结束时间。
- 【淡入】微调框：为音频添加开始播放时的音量放大特效。
- 【淡出】微调框：为音频添加停止播放时的音量缩小特效。
- 【音量】按钮：单击该按钮，从弹出的下拉列表中可设置音频的音量大小；选择【静音】选项，则关闭声音，如图 9-14 所示。

图 9-13 【剪裁音频】对话框

图 9-14 【音量】下拉列表

- 【循环播放，直到停止】复选框：选中该复选框，在放映幻灯片的过程中，音频会自动循环播放，直到放映下一张幻灯片或停止放映为止。
- 【跨幻灯片播放】复选框：选中该复选框，声音文件不仅在插入的幻灯片中有效，而且在演示文稿的所有幻灯片中均有效。
- 【开始】下拉列表框：该列表框中包含【自动】、【在单击时】这 2 个选项，用于设置音频的开始播放方式。
- 【播完返回开头】复选框：选中该复选框，可以设置音频播放完毕后自动返回幻灯片开头位置。

【例 9-2】在【高效 PPT 设计的 7 个习惯】演示文稿中，设置声音的属性。

(1) 启动 PowerPoint 2013 应用程序，打开【高效 PPT 设计的 7 个习惯】演示文稿。

(2) 在打开的第 1 张幻灯片编辑窗口中，选中声音图标，打开【音频工具】的【播放】选项卡。在【编辑】组中单击【剪裁音频】按钮，如图 9-15 所示，打开【剪裁音频】对话框。

(3) 在【剪裁音频】对话框中向右拖动左侧的绿色滑块，调节剪裁的开始时间；向左拖动右侧的红色滑块，调节剪裁的结束时间，如图 9-16 所示。

图 9-15　选中音频图标

图 9-16　设置剪裁开始与结束时间

(4) 单击【播放】按钮▶，试听剪裁后的声音，确定剪裁内容，如图 9-17 所示。

(5) 单击【确定】按钮，即可完成剪裁工作，自动将剪裁过的音频文件插入到演示文稿中。

(6) 选中剪裁的音频，在【播放】选项卡的【编辑】组中，设置【淡入】值为 05.00，【淡出】值为 03.00，如图 9-18 所示。

图 9-17　试听剪裁后的音频

图 9-18　设置淡入与淡出播放效果

(7) 在【播放】选项卡的【音频选项】组中，单击【音量】按钮，在弹出的菜单中选择【低】选项，在【音频选项】组中的【开始】下拉列表中选择【自动】选项，设置音频播放音量和播放方式，如图 9-19 所示。

图 9-19　设置【音量】和【开始】选项

(8) 在【预览】组中单击【播放】按钮，即可开始收听裁剪后的音频，此时音频在幻灯片中播放效果如图 9-20 所示。

(9) 右击选中的音频图标，在弹出的快捷菜单中选择【设置图片格式】命令，如图 9-21 所示。

图 9-20　试听剪裁后的音频

图 9-21　设置音频图标格式

(10) 打开【设置图片格式】窗格，展开【阴影】选项区域，然后在该选项区域中设置图片的效果参数，如图 9-22 所示。

(11) 此时，显示设置后的音频图标，效果如图 9-23 所示。

图 9-22　设置阴影效果

图 9-23　音频图标效果

(12) 在快速访问工具栏中单击【保存】按钮，保存演示文稿。

9.3　在幻灯片中插入影片

PowerPoint 中的影片包括视频和动画。用户可以在幻灯片中插入的视频格式有十几种，而插入的动画则主要是 GIF 动画。PowerPoint 支持的影片格式会随着媒体播放器的不同而有所不同。在 PowerPoint 2013 中插入视频及动画的方式主要有插入联机视频和计算机上的视频这两种。

9.3.1 插入联机视频

打开【插入】选项卡，在【媒体】组中单击【视频】按钮下方的箭头，在弹出的下拉列表中选择【联机视频】选项，此时 PowerPoint 将自动打开【插入视频】对话框，在该对话框中用户可以选择通过互联网在演示文稿中插入视频，如图 9-24 所示。

图 9-24 在演示文稿中插入联机视频

9.3.2 插入计算机中的视频文件

PowerPoint 支持多种类型的视频文档格式，允许用户将绝大多数视频文档插入到演示文稿中。常见的 PowerPoint 视频格式如表 9-2 所示。

表 9-2 视频格式说明

音频格式	说　明
ASF	高级流媒体格式，微软开发的视频格式
AVI	Windows 视频音频交互格式
QT,MOV	QuickTime 视频格式
MP4	第 4 代动态图像专家格式
MPEG	动态图像专家格式
MP2	第 2 代动态图像专家格式
WMV	Windows 媒体视频格式

在 PowerPoint 2013 中插入计算机中保存的影片文件的方法有以下两种。

◉　通过【插入】选项卡的【媒体】组插入视频，如图 9-25 所示。

◉　通过单击占位符中的【插入视频文件】按钮 插入，如图 9-26 所示。

无论采用以上哪种方法在演示文稿中插入视频，都将打开【插入影片】对话框，像选择声音文件一样，即可将所需的影片插入到演示文稿中。

图 9-25 【视频】下拉列表

图 9-26 占位符

【例9-3】在【高效 PPT 设计的 7 个习惯】演示文稿中,插入计算机中的视频文件。

(1) 启动 PowerPoint 2013 应用程序,打开【高效 PPT 设计的 7 个习惯】演示文稿。

(2) 在幻灯片预览窗格中选择第 2 张幻灯片缩略图,将其显示在幻灯片编辑窗口中,如图 9-27 所示。

(3) 打开【插入】选项卡,在【媒体】组单击【视频】下拉按钮,从弹出的下拉菜单中选择 【PC 上的视频】命令,打开【插入视频文件】对话框,打开文件的保存路径,选择视频文件,单 击【插入】按钮,如图 9-28 所示。

图 9-27 选中第 2 张幻灯片

图 9-28 【插入视频文件】对话框

(4) 此时,幻灯片中显示插入的影片文件,然后调整其位置和大小,效果如图 9-29 所示。

图 9-29 插入视频并调整视频位置和大小

（5）打开【开始】选项卡，在【幻灯片】组中单击【新建幻灯片】下拉按钮，在弹出的列表中选择【标题和内容】选项，此时即可在演示文稿中新建一张空白幻灯片，如图 9-30 所示。

（6）在【单击此处添加文本】占位符中单击【插入视频文件】按钮，如图 9-31 所示。

图 9-30　插入空白幻灯片

图 9-31　插入视频文件

（7）打开【插入视频】对话框，单击【来自文件】选项后的【浏览】按钮，如图 9-32 所示。

（8）打开【插入视频文件】对话框，选择一个视频文件，然后单击【插入】按钮，在占位符中插入一个视频，如图 9-33 所示。

图 9-32　【插入视频】对话框

图 9-33　在占位符中插入视频

（9）在快速访问工具栏中单击【保存】按钮，保存演示文稿。

⑨.4　设置影片效果

在 PowerPoint 中插入影片文件后，功能区将出现【视频工具】的【格式】和【播放】选项卡。使用其中的功能按钮，不仅可以调整它们的位置、大小、亮度、对比度、旋转等格式，还可以对它们进行剪裁、设置透明色、重新着色及设置边框线等简单处理。

【例 9-4】在【高效 PPT 设计的 7 个习惯】演示文稿中，设置影片的格式和效果。

（1）启动 PowerPoint 2013 应用程序，打开【高效 PPT 设计的 7 个习惯】演示文稿。

（2）在幻灯片预览窗格中选择第 2 张幻灯片缩略图，将其显示在幻灯片编辑窗口中。

（3）选中影片，打开【视频工具】的【格式】选项卡，在【调整】组中单击【更正】按钮，从弹出的【亮度和对比度】列表中选择【亮度：+20% 对比度：+40%】选项，此时即可调整视频的第 1 帧画面的对比度和亮度，如图 9-34 所示。

（4）在【视频样式】组中单击【其他】按钮，从弹出的菜单的【强烈】列表中选择【映像棱台，黑色】选项，快速为视频应用该视频样式，如图 9-35 所示。

图 9-34　【亮度和对比度】列表

图 9-35　设置视频样式

（5）选择视频，在【格式】选项卡的【视频样式】组中单击【视频边框】按钮，在弹出的下拉列表中选择【其他轮廓颜色】命令，如图 9-36 所示，打开【颜色】对话框。

（6）选择【标准】选项卡，选择一种轮廓颜色，单击【确定】按钮，如图 9-37 所示。

图 9-36　【视频边框】下拉列表

图 9-37　【标准】选项卡

（7）此时，即可为视频添加该颜色的边框，此时幻灯片中视频的外观效果如图 9-38 所示。

（8）选择视频，打开【视频工具】的【播放】选项卡，在【编辑】组中设置【淡入】值为 01.00，【淡出】值为 01.00，如图 9-39 所示。

图 9-38　视频外观效果

图 9-39　【编辑】组

(9) 在【视频选项】组中选中【全屏播放】复选框，在播放时，PowerPoint 会自动将影片显示为全屏幕，如图 9-40 所示。

(10) 在【开始】下拉列表选择【单击时】选项，设置单击播放影片；单击【音量】下拉按钮，从弹出的下拉列表中选择【中】选项，设置播放影片时的音量，如图 9-41 所示。

图 9-40　设置全屏播放视频

图 9-41　【音量】下拉列表

(11) 返回至幻灯片编辑窗口，在【预览】组中单击【播放】按钮，查看视频的播放效果，如图 9-42 所示。

(12) 单击【暂停】按钮暂停播放视频，在【编辑】组中单击【裁剪视频】按钮，如图 9-43 所示，打开【裁剪视频】对话框。

图 9-42　播放幻灯片中的视频

图 9-43　【编辑】组

计算机 基础与实训教材系列

(13) 在【裁剪视频】对话框中拖动绿色和红色滑块，裁剪影片文件，如图 9-44 所示。

(14) 单击【播放】按钮，可以预览裁剪后的影片文件的效果，单击【确定】按钮，确定影片的裁剪，如图 9-45 所示。

图 9-44　剪裁影片文件

图 9-45　查看影片剪裁效果

(15) 返回至幻灯片编辑窗口中，查看裁剪后的影片效果，如图 9-46 所示。

(16) 选中视频，打开【视频工具】的【播放】选项卡，在【视频选项】组中选中【全屏播放】复选框，在播放时，PowerPoint 会自动将影片显示为全屏幕。

(17) 在【预览】组中单击【播放】按钮，即可查看视频播放整体效果，如图 9-47 所示。

图 9-46　影片剪裁效果

图 9-47　查看影片播放效果

⑨.5　上机练习

本章的上机练习将通过练习使用 PowerPoint 2013 制作演示文稿，帮助用户更好地掌握插入声音和影片、设置声音格式和设置影片格式等基本操作方法和技巧。

9.5.1 制作【清明节】演示文稿

下面将练习制作【清明节】演示文稿，使用户更好地掌握在演示文稿中插入声音的方法。

(1) 启动 PowerPoint 2013 应用程序，打开一个空白演示文稿。

(2) 单击【文件】按钮，在弹出的【文件】菜单中选择【新建】命令，然后在中间的模板窗格中选择【自定义】选项，并单击【自定义 Office 模板】选项，如图 9-48 所示。

(3) 在打开的【自定义 Office 模板】列表框中单击【清明节】模板后，在打开的对话框中单击【创建】按钮，如图 9-49 所示。

图 9-48 【新建】选项区域

图 9-49 使用【清明节】模板

(4) 此时，将创建一个如图 9-50 所示的演示文稿。

(5) 打开【插入】选项卡，在【媒体】组中单击【音频】下拉列表按钮，在弹出的下拉列表中选中【PC 上的音频】选项，如图 9-51 所示。

图 9-50 创建演示文稿

图 9-51 在幻灯片中插入 PC 上的音频

(6) 打开【插入音频】对话框，选中本地计算机中保存的音频文件后，单击【插入】按钮，如图 9-52 所示。

(7) 此时，将在幻灯片中插入一个如图 9-53 所示的音频图标。

图 9-52 【插入音频】对话框

图 9-53 音频图标

(8) 选择【播放】选项卡，在【音频选项】选项组中单击【开始】下拉列表按钮，在弹出的下拉列表中选中【自动】选项，然后选中【跨幻灯片播放】、【循环播放，直到停止】和【播完返回开头】复选框，如图 9-54 所示。

(9) 在【编辑】选项组中单击【剪裁音频】按钮，然后在打开的【剪裁音频】对话框中的【开始时间】文本框中输入 00：10.110，在【结束时间】文本框中输入 02：30.966，并单击【确定】按钮，如图 9-55 所示。

图 9-54 【音频选项】选项组

图 9-55 【剪裁音频】对话框

(10) 选择【格式】选项卡，在【图片样式】选项组中单击【其他】按钮，在弹出的下拉列表中选择一种图片样式，如图 9-56 所示。

(11) 选中幻灯片中的音频图标，将其拖动至合适的位置，如图 9-57 所示。

图 9-56 设置音频图标样式

图 9-57 调整音频图标位置

(12) 单击音频播放栏中的【播放】按钮▶，试听音频播放效果。

(13) 在快速访问工具栏中单击【保存】按钮，将创建的演示文稿以【清明节】保存。

⑨.5.2　制作【农村科学种植】演示文稿

下面将制作【农村科学种植】演示文稿，使用户更好地掌握在演示文稿中插入视频的方法。

(1) 启动 PowerPoint 2013 应用程序，打开【农村科学种植】演示文稿，如图 9-58 所示。

(2) 打开【插入】选项卡，在【媒体】选项组中单击【视频】下拉列表按钮，在弹出的下拉列表中选中【PC 上的视频】选项，如图 9-59 所示。

图 9-58　【农村科学种植】演示文稿

图 9-59　【媒体】选项组

(3) 打开【插入视频文件】对话框，选中一个视频文件后，单击【插入】按钮，将该视频插入至幻灯片中，如图 9-60 所示。

图 9-60　在幻灯片中插入视频

(4) 打开【格式】选项卡，在【大小】选项卡的【高度】文本框中输入【3 厘米】，在【宽度】文本框中输入【4 厘米】，调整视频的高度和宽度，如图 9-61 所示。

(5) 使用同样的方法，在幻灯片中插入另外 2 个视频，然后将鼠标指针放置在视频上，当指针变为十字形状后，拖动调整视频的位置，效果如图 9-62 所示。

图 9-61 【大小】选项组

图 9-62 调整视频位置

(6) 在幻灯片预览窗格中选择第 2 张幻灯片缩略图，将其显示在幻灯片编辑窗口中，然后参考步骤(2)~(4)的方法，在该幻灯片中插入视频，如图 9-63 所示。

(7) 选择【格式】选项卡，在【视频样式】组中单击【其他】按钮，在弹出的下拉列表中选中【画布，灰色】选项，如图 9-64 所示。

图 9-63 在第 2 张幻灯片中插入视频

图 9-64 设置视频样式

(8) 在【视频样式】选项组中单击【视频边框】下拉列表按钮，在打开的下拉列表中选中【其他轮廓颜色】选项，然后在打开的【颜色】对话框中选中【黄色】色块，并单击【确定】按钮，如图 9-65 所示。

图 9-65 设置视频边框

(9) 在【格式】选项卡的【调整】选项组中单击【更正】下拉列表按钮，在弹出的下拉列表中选中【亮度: -20%对比度: 0%(正常)】选项，如图 9-66 所示。

(10) 选择【播放】选项卡，在【视频选项】组中选中【播放完返回开头】复选框，然后单击【音量】下拉列表按钮，在弹出的下拉列表中选中【中】选项，如图 9-67 所示。

图 9-66　调整视频亮度和对比度

图 9-67　设置视频音量

计算机 基础与实训教材系列

(11) 选择【插入】选项卡，在【文本】选项组中单击【文本框】按钮，在幻灯片中插入一个横排文本框，并在其中输入文本"科学种植技术视频【第一段】"，如图 9-68 所示。

(12) 在幻灯片预览窗格中分别选择第 3 张和第 4 张幻灯片缩略图，将其显示在幻灯片编辑窗口中，然后参考以上操作方法，在该幻灯片中插入视频和相应的说明文本，如图 9-69 所示。

图 9-68　在幻灯片中插入文本框

图 9-69　在其他幻灯片中插入视频

(13) 在幻灯片预览窗格中选择第 1 张幻灯片缩略图，将其显示在幻灯片编辑窗口中，然后选中幻灯片中的第 1 个视频文件。

(14) 选择【播放】选项卡，在【视频选项】组中单击【开始】下拉列表按钮，在弹出的下拉列表中选中【自动】选项。

(15) 使用同样的方法，设置第 1 张幻灯片中另外两个视频。

(16) 在快速访问工具栏中单击【保存】按钮 🖫，将创建的【农村科学种植】演示文稿保存。

(17) 选择【幻灯片放映】选项卡，在【开始放映幻灯片】选项组中单击【从头开始】按钮，播放幻灯片，效果如图 9-70 所示。

图 9-70 演示文稿播放效果

⑨.5.3 制作【音乐 MV】演示文稿

下面将制作音乐 MV 播放演示文稿，使用户更好地掌握在演示文稿中插入与编辑视频的方法。

(1) 启动 PowerPoint 2013 应用程序，新建一个空白演示文稿，然后打开【设计】选项卡，在【自定义】组中单击【设置背景格式】按钮，打开【设置背景格式】窗格，如图 9-71 所示。

(2) 在【设置背景格式】窗格中展开【填充】选项区域，然后选中【图片或纹理填充】单选按钮，并单击【文件】按钮，如图 9-72 所示。

计算机 基础与实训教材系列

图 9-71 新建空白演示文稿 　　　　　图 9-72 【设置背景格式】窗格

(3) 在打开的【插入图片】对话框中选中一个图片文件后，单击【插入】按钮，设置幻灯片背景图片，如图 9-73 所示。

(4) 返回【设置背景格式】窗格中单击【关闭】按钮，关闭该窗格。此时，演示文稿第 1 张幻灯片的效果如图 9-74 所示。

图 9-73　【插入图片】对话框

图 9-74　幻灯片背景效果

(5) 在【开始】选项卡的【幻灯片】组中单击【幻灯片版式】下拉列表按钮，在弹出的下拉列表中选中【标题和内容】选项，设置幻灯片版式，如图 9-75 所示。

(6) 单击【单击此处添加标题】占位符，然后输入文本"音乐 MV 蒲公英"，并在【字体】选项组中设置文本的字体格式，如图 9-76 所示。

图 9-75　【幻灯片版式】下拉列表

图 9-76　输入标题文本

(7) 在【单击此处添加文本】占位符中单击【插入视频文件】按钮，如图 9-77 所示，打开【插入视频】对话框。

(8) 在【插入视频】对话框中单击【来自文件】选项后的【浏览】按钮，如图 9-78 所示，打开【插入视频文件】对话框。

(9) 在【插入视频文件】对话框中选中一个视频文件后，单击【插入】按钮，如图 9-79 所示，将该文件插入占位符中。

(10) 选中占位符中插入的视频图标，在【格式】选项卡的【大小】组中设置视频标题的大小，然后将鼠标指针放置在视频图标上，当鼠标指针变为十字形状后，拖动调整图标在幻灯片中的位置，如图 9-80 所示。

图 9-77 单击【插入视频文件】按钮

图 9-78 【插入视频】对话框

图 9-79 【插入视频文件】对话框

图 9-80 调整视频图标的大小和位置

(11) 选择【播放】选项卡，在【编辑】选项组中单击【剪裁视频】按钮，打开【剪裁视频】对话框，在【开始时间】文本框中输入 00：06.760，如图 9-81 所示。

图 9-81 剪裁视频

(12) 单击【确定】按钮后，幻灯片中的视频图标效果如图 9-82 所示。

(13) 在【编辑】选项组中的【淡入】文本框中输入 01.75，在【淡出】文本框中输入 02.25，在【视频选项】选项组中单击【开始】下拉列表按钮，在弹出的下拉列表中选中【单击时】选项，并选中【全屏播放】复选框。

(14) 在幻灯片预览窗格中选择第 1 张幻灯片缩略图，然后按下 Enter 键新建一个空白幻灯片，如图 9-83 所示。

图 9-82　视频剪辑效果

图 9-83　创建空白幻灯片

(15) 参考步骤(2)~(4)的操作，为第 2 张幻灯片设置背景，完成后效果如图 9-84 所示。

(16) 参考步骤(6)~(11)的操作，在占位符中插入视频和标题文本，并设置剪裁视频，完成后效果如图 9-85 所示。

图 9-84　设置幻灯片背景

图 9-85　插入视频和文本

(17) 重复以上操作，在演示文稿中添加其他幻灯片，并在幻灯片中插入视频与文本。

(18) 在快速访问工具栏中单击【保存】按钮 🔲，打开【另存为】选项区域，将创建的演示文稿以【音乐 MV】为名保存。

(19) 选择【幻灯片放映】选项卡，在【开始放映幻灯片】选项组中单击【从头开始】按钮，播放幻灯片，效果如图 9-86 所示。

图 9-86　播放演示文稿

9.6　习题

1. 简述如何使用 PowerPoint 2013，在演示文稿插入的音频和视频。
2. 简述如何在演示文稿中编辑幻灯片中的视频播放时间。

第10章

幻灯片动画效果的设置

在 PowerPoint 2013 中，用户可以为演示文稿中的文本或多媒体对象添加特殊的视觉效果或声音效果，如使文字逐字飞入演示文稿，或在显示图片时自动播放声音等。PowerPoint 2013 提供了丰富的动画效果，用户可以为幻灯片设置切换动画和自定义动画。本章主要介绍在幻灯片中为对象设置动画，以及为幻灯片设置切换动画的方法。

- ◉ 设置幻灯片切换动画
- ◉ 为对象添加动画效果
- ◉ 设置动画触发器
- ◉ 设置动画计时选项

⑩.1 设置幻灯片切换动画

幻灯片切换动画是指一张幻灯片如何从屏幕上消失，以及另一张幻灯片如何显示在屏幕上的方式。幻灯片切换方式可以是简单地以一个幻灯片代替另一个幻灯片，也可以使幻灯片以特殊的效果出现在屏幕上。

⑩.1.1 设置幻灯片切换效果

在演示文稿中，可以为一组幻灯片设置同一种切换方式，也可以为每张幻灯片设置不同的切换方式。

要为幻灯片添加切换动画，可以打开【切换】选项卡，在【切换到此幻灯片】选项组中进行设置。在该组中单击□按钮，将打开如图 10-1 所示的幻灯片动画效果列表，当鼠标指针指向某个选项时，幻灯片将应用该效果，供用户预览。

图 10-1　显示幻灯片切换动画列表

提示

在普通视图或幻灯片浏览视图中都可以为幻灯片设置切换动画，但在幻灯片浏览视图中设置动画效果时，更容易把握演示文稿的整体风格。

【例 10-1】在【绿色栽培】演示文稿中，为幻灯片添加切换动画。

(1) 启动 PowerPoint 2013 应用程序，打开【绿色栽培】演示文稿，如图 10-2 所示。

(2) 打开【切换】选项卡，在【切换到此幻灯片】组中单击【其他】按钮□，在弹出的下拉列表框中选择【覆盖】选项，如图 10-3 所示。

图 10-2　【绿色栽培】演示文稿　　　　图 10-3　设置幻灯片切换效果

(3) 此时，即可将【覆盖】切换动画应用到第 1 张幻灯片中，并预览该切换动画效果，如图 10-4 所示。

(4) 在幻灯片预览窗格中选择第 2 张幻灯片缩略图，将其显示在幻灯片编辑窗口中，如图 10-5 所示。

(5) 选中第 2~5 张幻灯片缩略图，在【切换】选项卡的【切换到此幻灯片】组中，单击【其他】按钮，在弹出的下拉列表中选择【分割】选项，如图 10-6 所示。

(6) 此时，即可为第 2~5 张幻灯片应用【分割】切换效果，其动画效果如图 10-7 所示。

图 10-4　【覆盖】切换动画

图 10-5　第 2 张幻灯片

图 10-6　【分割】切换动画

图 10-7　幻灯片切换效果

(7) 在快速访问工具栏中单击【保存】按钮□，保存演示文稿。

> **提示**
>
> 　　为第 1 张幻灯片设置切换动画时，打开【切换】选项卡，在【计时】选项组中单击【全部应用】按钮□全部应用，即可将该切换动画应用在演示文稿的所有幻灯片中。

⑩.1.2　设置切换动画计时选项

　　PowerPoint 2013 除了可以提供方便快捷的"切换方案"外，还可以为所选的切换效果配置音效、改变切换速度和换片方式，以增强演示文稿的活泼性。

　　【例 10-2】在【绿色栽培】演示文稿中，设置切换声音、切换速度和换片方式。

　　(1) 启动 PowerPoint 2013 应用程序，打开【例 10-1】创建的【绿色栽培】演示文稿。

　　(2) 打开【切换】选项卡，在【计时】选项组中单击【声音】下拉按钮，在弹出的下拉列表中选择【风铃】选项，为幻灯片应用该声音效果，如图 10-8 所示。

　　(3) 在【计时】选项组的【持续时间】微调框中输入 00.50，如图 10-9 所示。为幻灯片设置持续时间的目的是控制幻灯片的切换速度，以便查看幻灯片内容。

图 10-8　【声音】下拉列表

图 10-9　设置【计时】选项组

（4）在【计时】组中取消选中【单击鼠标时】复选框，选中【设置自动换片时间】复选框，并在其后的微调框中输入"00：05.00"，如图 10-10 所示。

（5）单击【全部应用】按钮，将设置好的计时选项应用到每张幻灯片中。

（6）单击状态栏中的【幻灯片浏览】按钮，切换至幻灯片浏览视图，查看设置后的自动切片时间，如图 10-11 所示。

图 10-10　设置自动换片时间

图 10-11　幻灯片浏览视图

（7）在快速访问工具栏中单击【保存】按钮，保存演示文稿。

打开【切换】选项卡，在【计时】组的【换片方式】区域中，选中【单击鼠标时】复选框，表示在播放幻灯片时，需要在幻灯片中单击来换片；而取消选中该复选框，选中【设置自动换片时间】复选框，表示在播放幻灯片时，经过所设置的时间后会自动切换至下一张幻灯片，无须单击。另外，PowerPoint 还允许同时为幻灯片设置单击以切换幻灯片和输入具体值以定义幻灯片切换的延迟时间这两种换片的方式。

 提示

选中幻灯片，打开【切换】选项卡，在【切换到此幻灯片】组中单击【其他】按钮，从弹出的【细微型】切换效果列表框中选择【无】选项，即可删除该幻灯片的切换效果。

10.2 为对象添加动画效果

在 PowerPoint 中，除了幻灯片切换动画外，还包括幻灯片的动画效果。所谓动画效果，是指为幻灯片内部各个对象设置的动画效果。用户可以对幻灯片中的文本、图形、表格等对象添加不同的动画效果，如进入效果、强调效果、退出效果和动作路径动画等。

10.2.1 添加进入效果

进入动画是为了设置文本或其他对象以多种动画效果进入放映屏幕。在添加该动画效果之前需要选中对象。对于占位符或文本框来说，选中占位符、文本框，以及进入其文本编辑状态时，都可以为它们添加该动画效果。

选中对象后，打开【动画】选项卡，单击【动画】组中的【其他】按钮，在弹出的如图 10-12 所示的【进入】列表框选择一种进入效果，即可为对象添加该动画效果。在【进入】列表框中选择【更多进入效果】命令，将打开【更改进入效果】对话框，如图 10-13 所示。在该对话框中可以选择更多的进入动画效果。

图 10-12 【进入】列表框

图 10-13 【更改进入效果】对话框

另外，在【高级动画】组中单击【添加动画】按钮，同样可以在弹出的列表框中选择内置的进入动画效果，如图 10-14 所示。若选择【更多进入效果】命令，则打开【添加进入效果】对话框，如图 10-15 所示。在该对话框中同样可以选择更多的进入动画效果。

 提示 --

　　【更改进入效果】或【添加进入效果】对话框的动画按风格分为【基本型】、【细微型】、【温和型】和【华丽型】。选中对话框最下方的【预览效果】复选框，则在对话框中单击一种动画时，都能在幻灯片编辑窗口中看到该动画的预览效果。

图 10-14　【添加动画】列表框　　　　　　图 10-15　【添加进入效果】对话框

【例 10-3】为【绿色栽培】演示文稿中的对象设置进入动画。

(1) 启动 PowerPoint 2013 应用程序，打开【绿色栽培】演示文稿，在打开的第 1 张幻灯片中选中标题占位符，如图 10-16 所示。

(2) 打开【动画】选项卡，在【动画】组中的【其他】按钮▽，从弹出的【进入】列表框选择【弹跳】选项，为正标题文字应用【弹跳】进入效果，如图 10-17 所示。

图 10-16　选中标题文字　　　　　　图 10-17　为标题文字添加进入效果

(3) 此时，标题文字的动画效果如图 10-18 所示。

图 10-18　弹跳动画效果

(4) 选中第 3 张幻灯片中的图片，单击【动画】组中的【其他】按钮，从弹出的菜单中选择一种【更多进入效果】选项，如图 10-19 所示。

(5) 打开【更改进入效果】对话框，在【基本型】选项区域中选择【向内溶解】选项，单击【确定】按钮，为剪贴画更改进入该进入效果，如图 10-20 所示。

图 10-19　选择更多进入效果

图 10-20　添加【向内溶解】动画效果

(6) 选中第 4 张幻灯片中的艺术字，在【动画】组中的【其他】按钮，从弹出的【进入】列表框选择【飞入】选项，然后在【动画】组中单击【效果选项】下拉按钮，从弹出的下拉列表中选择【自右侧】选项，为飞入设置进入效果属性，如图 10-21 所示。

(7) 完成幻灯片中对象的进入动画设置，在幻灯片编辑窗口中以编号的形式标记对象。

(8) 在【动画】选项卡的【预览】组中单击【预览】按钮，如图 10-22 所示，即可查看幻灯片中应用的所有进入动画效果。

图 10-21　设置飞入动画效果

图 10-22　预览动画效果

(9) 在快速访问工具栏中单击【保存】按钮，保存演示文稿。

10.2.2　添加强调效果

强调动画是为了突出幻灯片中的某部分内容而设置的特殊动画效果。添加强调动画的过程和添加进入效果大体相同，选择对象后，在【动画】组中单击【其他】按钮，在弹出的【强调】列表框选择一种强调效果，即可为对象添加该动画效果。选择【更多强调效果】命令，将打开【更改强调效果】对话框，如图 10-23 所示。在该对话框中可以选择更多的强调动画效果。

另外，在【高级动画】组中单击【添加动画】按钮，同样可以在弹出的【强调】列表框中选择一种强调动画效果。若选择【更多强调效果】命令，则打开【添加强调效果】对话框，如图 10-24 所示。在该对话框中同样可以选择更多的强调动画效果。

图 10-23 　【更改强调效果】对话框

图 10-24 　【更改强调效果】对话框

【例 10-4】为【绿色栽培】演示文稿中的对象设置强调动画。

(1) 启动 PowerPoint 2013 应用程序，打开【绿色栽培】演示文稿，在幻灯片预览窗格中选择第 2 张幻灯片缩略图，将其显示在幻灯片编辑窗口中，如图 10-25 所示。

(2) 选中标题【虎尾兰】占位符，打开【动画】组，单击【其他】按钮，在弹出的【强调】列表框选择【画笔颜色】选项(如图 10-26 所示)，为文本应用该强调效果。

图 10-25 　选中第 2 张幻灯片

图 10-26 　设置【画笔颜色】动画效果

(3) 在【动画】组中单击【效果选项】下拉按钮，从弹出的下拉列表中选择【红色】色块，如图 10-27 所示。

(4) 在【动画】选项卡的【预览】组中单击【预览】按钮，即可查看第 2 张幻灯片中的强调动画的效果，如图 10-28 所示。

图 10-27　【效果选项】下拉列表

图 10-28　强调动画效果

(5) 选中第 2 张幻灯片中的图片，在【高级动画】组中单击【添加动画】按钮，同样可以在弹出的菜单中选择【更多强调效果】命令。

(6) 打开【添加强调效果】对话框，在【华丽型】选项区域中选择【闪烁】选项，单击【确定】按钮，完成添加强调动画设置，如图 10-29 所示。

(7) 参照以上操作，为其他幻灯片的标题占位符应用【陀螺旋】强调效果，如图 10-30 所示。

图 10-29　【更改强调效果】对话框

图 10-30　陀螺旋效果

(8) 在快速访问工具栏中单击【保存】按钮，保存演示文稿。

10.2.3　添加退出效果

退出动画是为了设置幻灯片中的对象退出屏幕的效果。添加退出动画的过程和添加进入、强调动画效果大体相同。

计算机 基础与实训教材系列

选中需要添加退出效果的对象，在【高级动画】组中单击【添加动画】按钮，在弹出的如图 10-31 所示的【退出】列表框中选择一种强调动画效果。若选择【更多退出效果】命令，则打开【添加退出效果】对话框，如图 10-32 所示。在该对话框中可以选择更多的退出动画效果。

图 10-31　【退出】列表框

图 10-32　【添加退出效果】对话框

【例 10-5】为【绿色栽培】演示文稿中的对象设置退出动画。

(1) 启动 PowerPoint 2013 应用程序，打开【绿色栽培】演示文稿。

(2) 在幻灯片预览窗格中选择第 5 张幻灯片缩略图，将其显示在幻灯片编辑窗口中，如图 10-33 所示。

(3) 选中图片，打开【动画】选项卡，在【动画】组中单击【其他】按钮 ，在弹出的菜单中选择【更多退出效果】命令，打开【更改退出效果】对话框，在【温和型】选项区域中选择【下沉】选项，单击【确定】按钮，如图 10-34 所示。

图 10-33　第 5 张幻灯片

图 10-34　【更改退出效果】对话框

(4) 返回至幻灯片编辑窗口中，此时在图片前显示数字编号，如图 10-35 所示。

(5) 在【动画】选项卡的【预览】组中单击【预览】按钮，即可查看第 5 张幻灯片中的退出动画效果，如图 10-36 所示。

图 10-35 在图片前显示编号

图 10-36 退出动画效果

(6) 在快速访问工具栏中单击【保存】按钮 🔲，保存演示文稿。

⑩.2.4 添加动作路径动画效果

动作路径动画又称为路径动画，可以指定文本等对象沿预定的路径运动。PowerPoint 中的动作路径动画不仅提供了大量预设路径效果，还可以由用户自定义路径动画。

添加动作路径效果的步骤与添加进入动画的步骤基本相同，在【动画】组中单击【其他】按钮 🔳，在弹出的如图 10-37 所示的【动作路径】列表框选择一种动作路径效果，即可为对象添加该动画效果。若选择【其他动作路径】命令，打开【更改动作路径】对话框，可以选择其他的动作路径效果，如图 10-38 所示。

图 10-37 【动作】列表框

图 10-38 【更改动作路径】对话框

另外，在【高级动画】组单击【添加动画】按钮，在弹出的【动作路径】列表框同样可以选择一种动作路径效果；选择【其他动作路径】命令，打开【添加动作路径】对话框，同样可以选择更多的动作路径，如图 10-39 所示。

图 10-39　打开【添加动作路径】对话框

计算机
基础
与实
训教
材系
列

知识点 ··

　　在使用【添加动画】按钮添加动画效果时，可以为单个对象添加多个动画效果、单击多次该按钮，选择不同的动画效果即可。

　　【例 10-6】为【绿色栽培】演示文稿中的对象设置动作路径。

　　(1) 启动 PowerPoint 2013 应用程序，打开【绿色栽培】演示文稿。

　　(2) 在幻灯片预览窗格中选择第 7 张幻灯片缩略图，将其显示在幻灯片编辑窗口中，然后选中窗口左侧的【绿萝】图片对象，如图 10-40 所示。

　　(3) 打开【动画】选项卡，在【动画】组中单击【其他】按钮，在弹出的【动作路径】列表框选择【自定义路径】选项，如图 10-41 所示。

图 10-40　第 7 张幻灯片

图 10-41　自定义路径

　　(4) 将鼠标指针移动到图形附近，待鼠标指针变成十字形状时，拖动绘制曲线。双击完成曲线的绘制，此时即可查看图片的动作路径，如图 10-42 所示。

图 10-42　图片的动作路径

(5) 查看完成动画效果后，在幻灯片中显示曲线的动作路径，动作路径起始端将显示一个绿色的▶标志，结束端将显示一个红色的◀标志，两个标志以一条虚线连接，如图 10-43 所示。

(6) 使用同样的方法，为第 8~10 张幻灯片中图片对象设置动作路径动画，如图 10-44 所示。

图 10-43　显示绘制的曲线的动作路径　　　图 10-44　为其他幻灯片中的图片设置动作路径

(7) 在快速访问工具栏中单击【保存】按钮，保存演示文稿。

10.3　对象动画效果高级设置

PowerPoint 2013 具备动画效果高级设置功能，如设置动画触发器、使用动画刷复制动画、设置动画计时选项、重新排序动画等。使用该功能，可以使整个演示文稿更为美观，可以使幻灯片中的各个动画的衔接更为合理。

10.3.1　设置动画触发器

在幻灯片放映时，使用触发器功能，可以在单击幻灯片中的对象时显示动画效果。下面将以

计算机 基础与实训教材系列

具体实例来介绍设置动画触发器的方法。

【例10-7】在【绿色栽培】演示文稿中设置动画触发器。

(1) 启动 PowerPoint 2013 应用程序，打开【绿色栽培】演示文稿。

(2) 自动显示第 1 张幻灯片，打开【动画】选项卡，在【高级动画】选项组中单击【动画窗格】按钮，打开【动画窗格】任务窗格，如图 10-45 所示。

(3) 选择第 2 个动画效果，在【高级动画】选项组中单击【触发】按钮，在弹出的菜单中选择【单击】选项，然后再从弹出的子菜单中选择【图片 1】对象，如图 10-46 所示。

图 10-45　【高级动画】组　　　　　　　图 10-46　添加动画触发器

(4) 此时，图片 1 对象上产生动画的触发器，并在任务窗格中显示所设置的触发器。

(5) 当播放幻灯片时，将鼠标指针指向【矩形 3】对象并单击，即可启用触发器的动画效果，如图 10-47 所示。

图 10-47　动画触发器效果

(6) 在快速访问工具栏中单击【保存】按钮，保存演示文稿。

⑩.3.2　使用动画刷复制动画效果

在 PowerPoint 2013 中，用户经常需要在同一幻灯片中为多个对象设置同样的动画效果。这时在设置一个对象动画后，通过动画刷复制动画功能，可以快速地复制动画到其他对象中。这是最快捷、有效的方法。

在幻灯片中选择设置动画后的对象，打开【动画】选项卡，在【高级动画】选项组中单击【动画刷】按钮 。将鼠标指针指向需要添加动画对象时，此时鼠标指针变成指针加刷子形状 时，在指定的对象上单击，即可复制所选的动画效果，如图 10-48 所示。

图 10-48　复制动画效果

10.3.3　设置动画计时选项

为对象添加了动画效果后，还需要设置动画计时选项，如开始时间、持续时间、延迟时间等。默认设置的动画效果在幻灯片放映屏幕中持续播放的时间只有几秒钟，同时需要单击才会开始播放下一个动画。如果默认的动画效果不能满足用户实际需求，则可以通过【动画设置】对话框的【计时】选项卡进行动画计时选项的设置。下面将以具体实例来介绍设置动画计时选项的方法。

【例 10-8】在【绿色栽培】演示文稿中设置动画计时选项。

(1) 启动 PowerPoint 2013 应用程序，打开【绿色栽培】演示文稿。

(2) 在自动打开的第 1 张幻灯片中，打开【动画】选项卡，在【高级动画】选项组中单击【动画窗格】按钮，打开【动画窗格】任务窗格，如图 10-49 所示。

(3) 在【动画窗格】任务窗格中选中第 2 个动画，在【计时】组中单击【开始】下拉按钮，从弹出的快捷菜单中选择【上一动画之后】选项，如图 10-50 所示。

图 10-49　打开【动画窗格】任务窗格　　　图 10-50　【计时】组

(4) 第2个动画和第1个动画将合并为一个动画(如图10-51所示)，它将在第1个动画播放完后自动开始播放，无须单击。

(5) 在【动画窗格】任务窗格中选中第【图片 3】动画效果，在【计时】选项组中单击【开始】下拉按钮，从弹出的快捷菜单中选择【上一动画之后】选项，并在【持续时间】和【延迟】文本框中输入01.00，如图10-52所示。

图10-51　动画合并效果　　　　　　　图10-52　设置【图片3】动画计时选项

(6) 在【动画窗格】任务窗格中选中【图片 2】动画效果，右击，从弹出的菜单中选择【计时】命令，如图10-53所示，打开【补色】对话框的【计时】选项卡。

(7) 在【期间】下拉列表中选择【中速(2秒)】选项，在【重复】下拉列表中选择【直到幻灯片末尾】选项，单击【确定】按钮，如图10-54所示。

图10-53　右击【图片2】动画效果　　　　图10-54　【计时】选项卡

(8) 在幻灯片预览窗格中选择第2张幻灯片缩略图，将其显示在幻灯片编辑窗口中。

(9) 在【动画窗格】任务窗格中选中第 2~3 个动画效果，在【计时】组中单击【开始】下拉按钮，从弹出的快捷菜单中选择【与上一动画同时】选项，如图10-55所示。

(10) 此时，原编号为 1~3 的这 3 个动画将合为一个动画，如图10-56所示。

图 10-55 与上一动画同时播放

图 10-56 合并动画

(11) 使用同样的方法，将其他幻灯片中的所有动画合并为一个动画。

(12) 在快速访问工具栏中单击【保存】按钮🔲，保存演示文稿。

⑩.3.4 重新排序动画

当一张幻灯片中设置了多个动画对象时，用户可以根据自己的需求重新排序动画，即调整各动画出现的顺序。

【例 10-9】在【绿色栽培】演示文稿中，重新排序第 1 张幻灯片中的动画。

(1) 启动 PowerPoint 2013 应用程序，打开【绿色栽培】演示文稿。

(2) 在自动打开的第 1 张幻灯片中，打开【动画】选项卡，在【高级动画】选项组中单击【动画窗格】按钮，打开【动画窗格】任务窗格。

(3) 在【动画窗格】任务窗格选中【图片 1】的动画，在【计时】选项组中单击 2 下【向前移动】按钮或者单击 2 下按钮，将其移动到窗格的最上方，此时标号自动更改为 4。前后效果如图 10-57 所示。

图 10-57 重新排列动画的前后效果

中文版 **PowerPoint 2013** 幻灯片制作实用教程

(4) 在快速访问工具栏中单击【保存】按钮 📙，保存演示文稿。

 提示

在【动画窗格】任务窗格中选中动画，在【计时】选项组中单击【向后移动】按钮，或者单击任务窗格下方的 ⬇ 按钮，即可将该动画向下移动一位。

⑩.4 上机练习

本章的上机练习主要练习设计演示文稿动画效果，使用户更好地掌握设计幻灯片切换动画、添加对象的动画效果和设置对象动画效果等基本操作方法。

(1) 启动 PowerPoint 2013 应用程序，打开【医院季度工作总结报告】演示文稿，如图 10-58 所示。

(2) 默认选中第 1 张幻灯片，打开【切换】选项卡，在【切换到此幻灯片】组中单击【其他】按钮 ⬇，从弹出的【华丽型】列表中选择【百叶窗】选项。

(3) 此时，即可将【百叶窗】型切换动画应用到第 1 张幻灯片，并自动放映该切换动画效果，如图 10-59 所示。

图 10-58 【医院季度工作总结报告】演示文稿

图 10-59 【百叶窗】型切换动画放映效果

(4) 在【计时】组中单击【声音】下拉按钮，从弹出的下拉列表中选择【风声】选项，选中【换片方式】下的所有复选框，并设置时间为 01:00.00，如图 10-60 所示。

(5) 单击【全部应用】按钮，将设置好的效果和计时选项应用到所有幻灯片中。

(6) 单击状态栏中的【幻灯片浏览】按钮 ⊞，切换至幻灯片浏览视图，在幻灯片缩略图下显示切换效果图标和自动切片时间，如图 10-61 所示。

(7) 切换至普通视图，选择第 2 张幻灯片，选中其中最左侧的图片，打开【动画】选项卡，在【动画】组中单击【其他】按钮 ⬇，在弹出的【进入】效果列表中选择【翻转式由远及近】选项，为图片应用该进入动画，如图 10-62 所示。

-228-

图 10-60　【计时】选项组

图 10-61　幻灯片浏览视图

图 10-62　为图片应用进入动画

(8) 使用同样的方法，为第 2 张幻灯片中的其他图片应用进入动画效果。

(9) 选中标题占位符，在【高级动画】组中单击【添加动画】按钮，在弹出的【强调】列表中选择【波浪形】选项，为副标题占位符应用该强调动画，效果如图 10-63 所示。

(10) 在【高级动画】组中单击【动画窗格】按钮，然后在打开的【动画窗格】窗格中调整第 2 张幻灯片中的动画放映顺序，如图 10-64 所示。

图 10-63　应用【波浪形】动画

图 10-64　【动画窗格】窗格

计算机 基础与实训教材系列

(11) 选中第 3 张幻灯片中的标题占位符，在【动画】组中单击【其他】按钮▽，在弹出的菜单中选择【更多进入效果】命令，打开【更改进入效果】对话框。选择【展开】选项，单击【确定】按钮，如图 10-65 所示。

图 10-65 使用【更改进入效果】对话框

(12) 选中幻灯片中最右侧的图片，在【高级动画】组中单击【添加动画】下拉列表按钮，在弹出的下拉列表中选中【其他强调效果】选项，打开【添加强调效果】对话框。

(13) 在【添加强调效果】对话框中选中【加深】选项后，单击【确定】按钮，为图片设置【加深】动画效果，如图 10-66 所示。

(14) 保持图片的选中状态，在【动画】选项卡的【计时】组中单击【开始】下拉列表按钮，在弹出的下拉列表中选中【与上一动画同时】选项，在【持续时间】文本框中输入 01.50，如图 10-67 所示。

图 10-66 设置【加深】动画效果　　　　图 10-67 【计时】选项卡

(15) 选中第 4 张幻灯片，然后选中幻灯片中的标题占位符，在【高级动画】选项组中单击【其他动作路径】选项。

(16) 打开【添加动作路径】对话框，选中【向右】选项，如图 10-68 所示，然后单击【确定】按钮，添加【向右】路径动画效果。

(17) 在幻灯片中调整动画的路径，使其效果如图 10-69 所示。

图 10-68 【添加动作路径】对话框

图 10-69 调整动画路径

(18) 选中幻灯片最左侧的图片,在【动画】选项卡的【动画】组中单击【其他】按钮,在弹出的下拉列表中选中【飞入】选项。

(19) 在【动画】组中单击【效果选项】下拉列表按钮,在弹出的下拉列表中选中【自左侧】选项,如图 10-70 所示。

(20) 选中幻灯片最右侧的图片,在【动画】选项卡的【动画】组中单击【其他】按钮,在弹出的下拉列表中选中【轮子】选项。

(21) 在【动画】组中单击【效果选项】下拉列表按钮,在弹出的下拉列表中选中【8 轮辐图案】选项,如图 10-71 所示。

图 10-70 设置【飞入】动画效果

图 10-71 设置【轮子】动画效果

(22) 使用同样的方法,设置其他幻灯片中的动画效果。

(23) 选中最后一张幻灯片中的标题占位符,在【高级动画】选项组中单击【添加动画】按钮,在弹出的下拉列表中选中【更多退出效果】选项,如图 10-72 所示。

(24) 在打开的【添加退出效果】对话框中选中【棋盘】选项,然后单击【确定】按钮,为占位符添加【棋盘】退出动画效果,如图 10-73 所示。

图 10-72　添加退出动画效果

图 10-73　【添加退出效果】对话框

⑩.5　习题

　　1. 为如图 10-74 所示的【童绘世界】演示文稿添加任意幻灯片切换动画效果，

　　2. 继续【习题 1】的操作，将幻灯片切换效果更改为【左右向中央收缩分割】，切换声音为【风声】，且作用于所有幻灯片，同时要求每隔 15 秒自动切换。

图 10-74　【童绘世界】演示文稿

第11章 创建与编辑幻灯片超链接

学习目标

在 PowerPoint 中，可以为幻灯片中的文本和图像等对象添加超链接或者动作。当放映幻灯片时，可以在添加了超链接的文本或动作按钮上单击，程序将自动跳转到指定的页面，或者执行指定的程序。演示文稿不再是从头到尾播放的线形模式，而是具有一定的交互性的模式，能够按照预先设定的方式，在适当的时候放映需要的内容，或做出相应的反应。

本章重点

- ◉ 在幻灯片中插入和删除超链接
- ◉ 在幻灯片中添加动作按钮
- ◉ 设置链接到指定的对象
- ◉ 更改与设置幻灯片中的超链接

11.1 创建超链接

超链接是指向特定位置或文件的一种连接方式，可以利用它指定程序的跳转位置。超链接只有在幻灯片放映时才有效。在 PowerPoint 中，超链接可以跳转到当前演示文稿中的特定幻灯片、其他演示文稿中特定的幻灯片、自定义放映、电子邮件地址、文件或 Web 页上。

只有幻灯片中的对象才能添加超链接，备注、讲义等内容不能添加超链接。幻灯片中可以显示的对象几乎都可以作为超链接的载体。添加或修改超链接的操作一般在普通视图中的幻灯片编辑窗口中进行，而在幻灯片预览窗口的大纲选项卡中，只能对文字添加或修改超链接。

11.1.1 添加和删除超链接

在放映演示文稿时，为了便于切换到目标幻灯片中，用户可以在演示文稿中添加超链接。与之相反的是，也可以对超链接执行删除操作。

1. 添加超链接

在 PowerPoint 2013 中放映演示文稿时，为了便于切换到目标幻灯片，可以在幻灯片中添加超链接，其具体操作方法如下。

【例 11-1】在【人力资源管理战略】演示文稿中，为标题文本添加超链接。

(1) 启动 PowerPoint 2013 应用程序，打开【人力资源管理战略】演示文稿，然后在第 1 张幻灯片左侧的图形中输入文本"目录"，并选中该文本如图 11-1 所示。

(2) 打开【插入】选项卡，在【链接】选项组中单击【超链接】按钮，如图 11-2 所示。

图 11-1　【人力资源管理战略】演示文稿

图 11-2　【链接】选项组

(3) 打开【插入超链接】对话框，在【请选择文档中的位置】列表框中选择【2. 幻灯片2】选项，在屏幕提示的文字右侧单击【屏幕提示】按钮，如图11-3所示。

(4) 打开【设置超链接屏幕提示】对话框，在【屏幕提示文字】文本框中输入文本，单击【确定】按钮，如图 11-4 所示。

图 11-3　【插入超链接】对话框

图 11-4　【设置超链接屏幕提示】对话框

(5) 返回至【插入超链接】对话框，单击【确定】按钮，此时所选中的正标题中选中的文字变为蓝色，且下方出现横线，效果如图 11-5 所示。

(6) 在键盘上按下 F5 键放映幻灯片，当放映到第 1 张幻灯片时，将鼠标移动到副标题文字超链接，此时鼠标指针变为手形，此时弹出一个提示框，显示屏幕提示信息如图 11-6 所示。

(7) 单击超链接，演示文稿将自动跳转到第 2 张幻灯片，如图 11-7 所示。

图 11-5　添加超链接

图 11-6　超链接效果

图 11-7　使用超链接切换幻灯片

(8) 在快速访问工具栏中单击【保存】按钮📄，保存演示文稿。

2. 删除超链接

在 PowerPoint 2103 中，用户可以使用以下两种方法删除幻灯片中添加的超链接。

- ◉　通过【编辑超链接】对话框删除超链接：选择幻灯片中添加的超链接对象，打开【插入】
  选项卡，在【链接】组中单击【超链接】按钮，然后在打开的【编辑超链接】对话框中
  单击【删除链接】按钮，如图 11-8 所示。
- ◉　右击幻灯片中的超链接，在弹出的菜单中选中【取消超链接】命令，如图 11-9 所示。

图 11-8　通过对话框删除超链接

图 11-9　通过右键菜单删除超链接

计算机 基础与实训教材系列

11.1.2 添加动作按钮

动作按钮是 PowerPoint 中预先设置好的一组带有特定动作的图形按钮，这些按钮被预先设置为指向前一张、后一张、第一张、最后一张幻灯片、播放声音及播放电影等链接，应用这些预置好的按钮，可以实现在放映幻灯片时跳转的目的。

动作与超链接有很多相似之处，几乎包括了超链接可以指向的所有位置，动作还可以设置其他属性，如设置当鼠标移过某一对象上方时的动作。设置动作与设置超链接是相互影响的，在【设置动作】对话框中所做的设置，可以在【编辑超链接】对话框中表现出来。

【例 11-2】在【人力资源管理战略】演示文稿中添加动作按钮。

(1) 启动 PowerPoint 2013 应用程序，打开【人力资源管理战略】演示文稿。

(2) 接下来，在幻灯片预览窗格中选择第 2 张幻灯片缩略图，将其显示在幻灯片编辑窗口中，如图 11-10 所示。

(3) 打开【插入】选项卡，在【插图】组中单击【形状】按钮，在打开下拉列表的【动作按钮】选项区域中选择【动作按钮:开始】选项，在幻灯片的右上角拖动绘制形状，如图11-11所示。

图 11-10 第 2 张幻灯片

图 11-11 绘制动作按钮

(4) 当释放鼠标时，系统将自动打开【操作设置】对话框，在【单击鼠标时的动作】选项区域中选中【超链接到】单选按钮，在【超链接到】下拉列表框中选择【幻灯片】选项，如图 11-12 所示。

(5) 打开【超链接到幻灯片】对话框，在【幻灯片标题】列表框中选择【3.幻灯片 3】选项，单击【确定】按钮，如图 11-13 所示。

(6) 返回【操作设置】对话框，打开【鼠标悬停】选项卡，选中【播放声音】复选框，并在其下方的下拉列表中选择【单击】选项，单击【确定】按钮，如图 11-14 所示。

(7) 完成动作按钮的设置后，返回至幻灯片编辑窗口中即可查看添加的动作按钮，如图 11-15 所示。

图 11-12　【操作设置】对话框

图 11-13　【超链接到幻灯片】对话框

图 11-14　【鼠标悬停】选项卡

图 11-15　添加动作按钮

（8）在幻灯片中选中绘制的动作按钮图形，打开【绘图工具】的【格式】选项卡，单击【形状样式】组中的【其他】按钮，在弹出的列表框中选择如图 11-16 所示的形状样式，为图形快速应用该形状样式。

（9）拖动调节动作按钮的位置，使其效果如图 11-17 所示。

图 11-16　设置动作按钮形状样式

图 11-17　动作按钮效果

计算机 基础与实训教材系列

(10) 在快速访问工具栏中单击【保存】按钮⊟，保存演示文稿。

(11) 按下 F5 键播放演示文稿，在第 2 页中单击添加的动作按钮，将播放设置的单击声音，并跳转至第 3 页幻灯片，效果如图 11-18 所示。

图 11-18　幻灯片播放效果

⑪.1.3　链接到指定对象

在 PowerPoint 2013 中，除了可以将对象链接到当前演示文稿的其他幻灯片中外，还可以链接到其他对象中，如其他演示文稿、电子邮件和网页等。

1. 链接到其他演示文稿

将幻灯片中对象链接到其他演示文稿的目的是为了快速查看相关内容。

【例 11-3】将【第一讲】演示文稿中链接到【人力资源管理战略】演示文稿中。

(1) 启动 PowerPoint 2013 应用程序，创建【第一讲】演示文稿，效果如图 11-19 所示。

(2) 打开【人力资源管理战略】演示文稿，选中第 2 张幻灯片，选中窗口左侧的文本框，如图 11-20 所示。

图 11-19　【第一讲】演示文稿

图 11-20　选中文本框

(3) 打开【插入】选项卡，在【链接】组中单击【超链接】按钮，打开【超链接】对话框。

(4) 在【链接到】列表框中选择【现有文件或网页】选项，在【查找范围】下拉列表框中选择目标文件所在位置，在【当前文件夹】列表框中选择【第一讲】选项，单击【确定】按钮，如图 11-21 所示。

(5) 此时，【第一讲】演示文稿即可链接到【人力资源管理战略】演示文稿中。

(6) 按下 F5 键放映幻灯片，在第 2 张幻灯片中将鼠标指针移动到【第一讲】文本框中，此时鼠标指针变为手形，如图 11-22 所示。

图 11-21　【插入超链接】对话框

图 11-22　显示插入的超链接

(7) 单击超链接，将自动跳转到【第一讲】演示文稿的放映界面。

(8) 按 Esc 键退出放映模式，返回到幻灯片编辑窗口，在快速访问工具栏中单击【保存】按钮，保存演示文稿。

2. 链接到电子邮件

在 PowerPoint 2013 中可以将幻灯片链接到电子邮件中。选择要链接的对象，打开【插入】选项卡，在【链接】组中单击【超链接】按钮，打开【超链接】对话框，在【链接到】列表框中选择【电子邮件地址】选项，在【电子邮件地址】和【主题】文本框中输入所需文本，单击【确定】按钮，如图 11-23 所示。此时对象中的文本文字颜色变为【蓝色】，并自动添加有下划线，如图 11-24 所示。

图 11-23　设置电子邮箱地址和主题

图 11-24　电子邮件链接效果

放映链接后的演示文稿，单击超链接文本，将自动启动电子邮件软件 Outlook 2013，在打开的写信页面中填写收件人和主题，输入正文后，单击【发送】按钮即可发送邮件。

3. 链接到网页

在 PowerPoint 2013 中，还可以将幻灯片链接到网页中。其链接方法与为幻灯片中的文本或图片添加超链接的方法类似，只是链接的目标位置不同。

其方法为：选择要设置链接的对象，打开【插入】选项卡，在【链接】组中单击【超链接】按钮，打开【超链接】对话框，在【链接到】列表框中选择【现有文件或网页】选项，在【地址】文本框中粘贴所复制的网页地址，单击【确定】按钮即可，如图 11-25 所示。

图 11-25　设置网页链接

此时，使用 PowerPoint 放映幻灯片，单击添加超链接的对象，将自动打开所链接的网站。

4. 链接到其他文件

在 PowerPoint 2013 中还可以将幻灯片链接到其他文件，如 Office 文件。打开【插入】选项卡，在【链接】组中单击【超链接】按钮，打开【插入超链接】对话框，在【链接到】列表框中选择【现有文件或网页】选项，在【查找范围】右侧单击【浏览文件】按钮 ，打开【链接到文件】对话框，在其中选择目标文件，单击【确定】按钮，如图 11-26 所示。回到【插入超链接】对话框，在【地址】文本框中显示链接地址，单击【确定】按钮，如图 11-27 所示，即可完成链接操作。

图 11-26　选择要链接的 Word 文档　　　　　　图 11-27　显示链接的文档地址

11.2　编辑超链接

用户在幻灯片中添加超链接后，如果对超链接的效果不满意，可以对其进行编辑与修改，让链接更加完整和适用。

11.2.1　更改超链接

在 PowerPoint 2013 中，【编辑超链接】对话框和【插入超链接】对话框是相同的，用户可以在其中选择相应设置进行更改。

【例 11-4】修改【人力资源管理战略】演示文稿中添加的超链接。

(1) 打开【例 11-1】创建的【人力资源管理战略】演示文稿后，在第 1 张幻灯片中选中窗口左侧的文本框，如图 11-28 所示。

(2) 打开【插入】选项卡在【链接】组中单击【超链接】按钮，打开【编辑超链接】对话框。

(3) 在【编辑超链接】对话框的【链接到】列表框中选中【现有文件或网页】选项，然后在对话框右侧的列表框中选中【第一讲.ppt】文件，如图 11-29 所示。

图 11-28　选中包含超链接的文本框　　　　图 11-29　【编辑超链接】对话框

(4) 在【编辑超链接】对话框中单击【确定】按钮，即可更改超链接。

11.2.2　设置超链接颜色

在 PowerPoint 2013 中，用户可以为超链接设置颜色，美化超链接的效果。

【例 11-5】设置【人力资源管理战略】演示文稿中的超链接格式。

(1) 打开【人力资源管理战略】演示文稿后，选中幻灯片中添加的电子邮件链接，然后选择【视图】选项卡，单击【母版视图】组中的【幻灯片母版】按钮，如图 11-30 所示。

(2) 打开【幻灯片母版】选项卡，在【背景】组中单击【颜色】按钮，在弹出的下拉列表中选中【自定义颜色】选项，如图 11-31 所示。

图 11-30 【母版视图】选项组

图 11-31 自定义颜色

(3) 打开【新建主题颜色】对话框，单击【超链接】和【已访问的超链接】按钮，设置超链接和已访问超链接的颜色，在【名称】文本框中输入"更改超链接颜色"，然后单击【保存】按钮，如图 11-32 所示。

(4) 在【背景】选项组中单击【颜色】按钮，在弹出的下拉列表中选中【更改超链接颜色】选项即可，如图 11-33 所示。

图 11-32 【新建主题颜色】对话框

图 11-33 【颜色】下拉列表

(5) 单击【关闭母版视图】按钮，即可完成超链接颜色的修改。

11.3 上机练习

本章的上机练习将通过在【绿色栽培】演示文稿中创建超链接，帮助用户进一步巩固所学的知识。

(1) 启动 PowerPoint 2013 应用程序，打开【绿色栽培】演示文稿。

(2) 在第 1 张幻灯片中选中第 1 张图片，打开【插入】选项卡，在【链接】选项组中单击【超链接】按钮，如图 11-34 所示。

(3) 打开【插入超链接】对话框后，单击【本文档中的位置】对话框，然后在【请选择文档中的位置】列表框中选中【5. 幻灯片 5】选项，如图 11-35 所示，并单击【确定】按钮。

图 11-34　【插入】选项卡

图 11-35　【插入超链接】对话框

(4) 在幻灯片中选中第 2 张图片，然后在【插入】选项卡的【链接】组中单击【动作】按钮，如图 11-36 所示。

(5) 打开【操作设置】对话框，选中【超链接到】单选按钮，然后单击该单选按钮下方的下拉列表按钮，在弹出的下拉列表中选中【其他文件】选项，如图 11-37 所示。

图 11-36　设置动作

图 11-37　【超链接到】下拉列表

(6) 打开【超链接到其他文件】对话框，选中一个文件，然后单击【确定】按钮，如图 11-38 所示。

(7) 返回【操作设置】对话框后，选中【播放声音】复选框，然后单击该复选框下的下拉列表按钮，在弹出的下拉列表中选中【激光】选项，如图 11-39 所示。

图 11-38 【超链接到其他文件】对话框

图 11-39 设置播放声音

(8) 在【操作设置】对话框中单击【确定】按钮。

(9) 在幻灯片中选中并右击文本"我们的花园"，在弹出的菜单中选择【超链接】命令，如图 11-40 所示。

(10) 在打开的【插入超链接】对话框中选中【电子邮件地址】选项，在【电子邮件地址】文本框中输入电子邮件地址，在【主题】文本框中输入电子邮件主题文本，然后单击【确定】按钮，如图 11-41 所示。

图 11-40 右击图片设置超链接

图 11-41 设置电子邮件链接

(11) 在幻灯片中选中文本"绿色栽培"，在【插入】对话框的【链接】组中单击【超链接】按钮，打开【插入超链接】对话框。

(12) 在【插入超链接】对话框中选中【现有文件或网页】选项，然后在【查找范围】下拉列表中选中一个文件路径，在【当前文件夹】列表框中选中【关于我们.ppt】文件，如图 11-42 所示。

(13) 单击【确定】按钮关闭【插入超链接】对话框。选中并右击标题文本"绿色栽培"，在弹出的菜单中选中【复制超链接】命令，如图 11-43 所示。

图 11-42 设置链接到文件

图 11-43 复制超链接

(14) 选中第 2 张幻灯片，在该幻灯片空白处右击，在弹出的菜单中选中【粘贴】命令，如图 11-44 所示。

(15) 选中粘贴的超链接，然后调整其在幻灯片中的位置，如图 11-45 所示。

图 11-44 粘贴超链接

图 11-45 调整超链接文本的位置

(16) 选中最后一张幻灯片，然后选中该幻灯片中的文本"添加新内容"，在【插入】选项卡的【链接】组中单击【超链接】按钮，如图 11-46 所示。

(17) 打开【插入超链接】对话框，选中【新建文档】选项，然后在显示的选项区域中选中【开始编辑新文档】单选按钮，并单击【更改】按钮，如图 11-47 所示。

(18) 打开【新建文档】对话框，在该对话框的【文件名】文本框中输入文本"添加植物"，然后单击【保存类型】下拉列表按钮，在弹出的下拉列表中选中【演示文稿(*.pptx;*.pptm;*.ppt;*.ppsx;*.ppsm;*.pps)】选项，如图 11-48 所示，并单击【确定】按钮。

(19) 返回【插入超链接】对话框中单击【确定】按钮，PowerPoint 将打开如图 11-49 所示的【添加植物】演示文稿。

图 11-46　最后一张文本框

图 11-47　【新建文档】选项区域

图 11-48　【新建文档】对话框

图 11-49　【添加植物】演示文稿

(20) 在打开的演示文稿中单击【单击此处添加第一张幻灯片】文本，创建一个新幻灯片，并将其保存。

(21) 返回【绿色栽培】演示文稿，打开【幻灯片放映】选项卡，在【开始放映幻灯片】组中单击【从头开始】按钮，放映演示文稿，如图 11-50 所示。

(22) 在第 1 张幻灯片中单击第 1 张图片，将直接显示第 5 张幻灯片，如图 11-51 所示。

图 11-50　放映演示文稿

图 11-51　链接到本文档中的位置

(23) 在第 1 张幻灯片中单击第 2 张图片，将打开如图 11-52 所示的图片。

图 11-52 图片链接效果

(24) 在第 1 张幻灯片中单击文本"我们的花园"，将自动启动 Outlook 软件，并填写收件人的地址和邮件主题，如图 11-53 所示。

图 11-53 电子邮件链接效果

(25) 在第 1 张幻灯片中单击标题文本"绿色栽培"，将打开如图 11-54 所示的【关于我们】演示文稿。

(26) 单击演示文稿最后一页幻灯片中的文本【添加新的内容】，将打开步骤(19)所创建的幻灯片，如图 11-55 所示。

图 11-54 文件链接效果　　　　　　图 11-55 链接到幻灯片

11.4 习题

1. 简述如何在 PowerPoint 中创建与删除超链接。
2. 简述动作按钮的作用以及如何在幻灯片中添加动作按钮。
3. 简述如何在幻灯片中添加超链接，使其能够链接到其他演示文稿。
4. 简述如何在幻灯片中创建电子邮件链接和网页链接。

计算机 基础与实训教材系列

演示文稿的放映与审阅

学习目标

在 PowerPoint 2013 中，可以选择最为理想的放映速度与放映方式，使幻灯片放映时结构清晰、节奏明快、过程流畅。另外，在放映时还可以利用绘图笔在屏幕上随时进行标示或强调，使重点更为突出。本章主要介绍放映和控制幻灯片、审阅演示文稿等操作。

本章重点

- ◉ 设置幻灯片放映时间
- ◉ 设置幻灯片放映方式
- ◉ 幻灯片缩略图放映
- ◉ 开始放映演示文稿
- ◉ 设置审阅演示文稿

12.1 放映演示文稿前的设置

制作完演示文稿后，用户可以根据需要进行放映前的准备，如进行录制旁白，排练计时、设置放映的方式和类型、设置放映内容或调整幻灯片放映的顺序等。本节将介绍幻灯片放映前的一些基本设置。

12.1.1 设置放映时间

在放映幻灯片之前，演讲者可以运用 PowerPoint 的【排练计时】功能来排练整个演示文稿放映的时间，即将每张幻灯片的放映时间和整个演示文稿的总放映时间了然于胸。

【例 12-1】使用【排练计时】功能排练【绿色栽培】演示文稿的放映时间。

(1) 启动 PowerPoint 2013 应用程序，打开【绿色栽培】演示文稿。

(2) 打开【幻灯片放映】选项卡，在【设置】组中单击【排练计时】按钮，如图 12-1 所示。

(3) 演示文稿将自动切换到幻灯片放映状态，效果如图 12-2 所示。与普通放映不同的是，在幻灯片左上角将显示【录制】对话框。

图 12-1　【设置】选项组　　　　　　　　　　图 12-2　幻灯片放映状态

(4) 不断单击进行幻灯片的放映，此时【录制】对话框中的数据会不断更新。

(5) 当最后一张幻灯片放映完毕后，将打开 Microsoft PowerPoint 对话框，该对话框显示幻灯片播放的总时间，并询问用户是否保留该排练时间，单击【是】按钮，如图 12-3 所示。

(6) 此时，演示文稿将切换到幻灯片浏览视图，从幻灯片浏览视图中可以看到每张幻灯片下方均显示各自的排练时间，如图 12-4 所示。

图 12-3　提示信息框　　　　　　　　　　　　图 12-4　显示排练时间

12.1.2　设置放映方式

PowerPoint 2013 提供了多种演示文稿的放映方式，最常用的是幻灯片页面的演示控制，主要有幻灯片的定时放映、连续放映和循环放映这 3 种方式。

1. 定时放映

用户在设置幻灯片切换效果时，可以设置每张幻灯片在放映时停留的时间，当等待到设定的时间后，幻灯片将自动向下放映。

打开【切换】选项卡，在【换片方式】组中选中【单击鼠标时】复选框，则用户单击或按下 Enter 键和空格键时，放映的演示文稿将切换到下一张幻灯片；选中【设置自动换片时间】复选框，并在其右侧的文本框中输入时间(时间为秒)后，则在演示文稿放映时，当幻灯片等待了设定的秒数之后，将自动切换到下一张幻灯片，如图 12-5 所示。

图 12-5　设置定时放映

2. 连续放映

在【切换】选项卡的【换片方式】选项组选中【设置自动换片时间】复选框，并为当前选定的幻灯片设置自动切换时间，再单击【全部应用】按钮，为演示文稿中的每张幻灯片设定相同的切换时间，即可实现幻灯片的连续自动放映。

需要注意的是，由于每张幻灯片的内容不同，放映的时间可能不同，所以设置连续放映的最常见方法是通过【排练计时】功能完成。

3. 循环放映

用户将制作好的演示文稿设置为循环放映，可以应用于如展览会场的展台等场合，让演示文稿自动运行并循环播放。

打开【幻灯片放映】选项卡，在【设置】选项组中单击【设置幻灯片放映】按钮，打开【设置放映方式】对话框，如图 12-6 所示。在【放映选项】选项区域中选中【循环放映，按 Esc 键终止】复选框，则在播放完最后一张幻灯片后，会自动跳转到第 1 张幻灯片，而不是结束放映，直到用户按 Esc 键退出放映状态。

图 12-6　打开【设置放映方式】对话框

12.1.3 设置放映类型

在【设置放映方式】对话框的【放映类型】选项区域中可以设置幻灯片的放映模式。

◉ 【演讲者放映】模式(全屏幕)：该模式是系统默认的放映类型，也是最常见的全屏放映方式。在这种放映方式下，演讲者现场控制演示节奏，具有放映的完全控制权。用户可以根据观众的反应随时调整放映速度或节奏，还可以暂停下来进行讨论或记录观众即席反应，甚至可以在放映过程中录制旁白。一般用于召开会议时的大屏幕放映、联机会议或网络广播等。

◉ 【观众自行浏览】模式(窗口)：观众自行浏览是在标准 Windows 窗口中显示的放映形式，放映时的 PowerPoint 窗口具有菜单栏、Web 工具栏，类似于浏览网页的效果，便于观众自行浏览，如图 12-7 所示。

◉ 【展台浏览】模式(全屏幕)：采用该放映类型，最主要的特点是不需要专人控制就可以自动运行，在使用该放映类型时，如超链接等的控制方法都失效。当播放完最后一张幻灯片后，会自动从第一张重新开始播放，直至用户按下 Esc 键才会停止播放。该放映类型主要用于展览会的展台或会议中的某部分需要自动演示等场合，如图 12-8 所示。

图 12-7　观众自行浏览　　　　　　　　　　图 12-8　在展台浏览

知识点

使用【展台浏览】模式放映演示文稿时，用户不能对其放映过程进行干预，必须设置每张幻灯片的放映时间，或者预先设定演示文稿排练计时，否则可能会长时间停留在某张幻灯片上。

12.1.4 自定义放映

自定义放映是指用户可以自定义演示文稿放映的张数，使一个演示文稿适用于多种观众，即可以将一个演示文稿中的多张幻灯片进行分组，以便该特定的观众放映演示文稿中的特定部分。用户可以用超链接分别指向演示文稿中的各个自定义放映，也可以在放映整个演示文稿时只放映其中的某个自定义放映。

【例 12-2】为【绿色栽培】演示文稿创建自定义放映。

(1) 启动 PowerPoint 2013 应用程序，打开【绿色栽培】演示文稿。

(2) 打开【幻灯片放映】选项卡，单击【开始放映幻灯片】选项组的【自定义幻灯片放映】按钮，在弹出的菜单中选择【自定义放映】命令，打开【自定义放映】对话框，单击【新建】按钮，如图 12-9 所示。

(3) 打开【定义自定义放映】对话框，在【幻灯片放映名称】文本框中输入文字"绿色栽培"，在【在演示文稿中的幻灯片】列表中选择第 1 张和第 3 张幻灯片，然后单击【添加】按钮，如图 12-10 所示，将两张幻灯片添加到【在自定义放映中的幻灯片】列表中，单击【确定】按钮。

图 12-9　【自定义放映】对话框

图 12-10　【在自定义放映中的幻灯片】对话框

(4) 返回至【自定义放映】对话框，在【自定义放映】列表中显示创建的放映，单击【关闭】按钮，如图 12-11 所示。

(5) 在【幻灯片放映】选项卡的【设置】选项组中单击【设置幻灯片放映】按钮，打开【设置放映方式】对话框，在【放映幻灯片】选项区域中选中【自定义放映】单选按钮，然后在其下方的列表框中选择需要放映的自定义放映，单击【确定】按钮，如图 12-12 所示。

图 12-11　显示创建的自定义放映

图 12-12　设置自定义放映方式

 提示

【设置放映方式】对话框的【放映幻灯片】选项区域用于设置放映幻灯片的范围：选中【全部】单选按钮，设置放映全部幻灯片；选中【从……到】单选按钮，设置从某张幻灯片开始放映到某张幻灯片终止。

（6）按下 F5 键时，将自动播放自定义放映幻灯片，效果如图 12-13 所示。

图 12-13　播放自定义放映幻灯片

（7）在快速访问工具栏中单击【保存】按钮日，保存演示文稿。

知识点

用户可以在幻灯片的其他对象中添加指向自定义放映的超链接，当单击了该超链接后，就会播放自定义放映。

⑫.1.5　录制语音旁白

在 PowerPoint 2013 中，可以为指定的幻灯片或全部幻灯片添加录音旁白。使用录制旁白可以为演示文稿增加解说词，在放映状态下主动播放语音说明。

【例 12-3】为【绿色栽培】演示文稿录制旁白。

（1）启动 PowerPoint 2013 应用程序，打开排练计时后的【绿色栽培】演示文稿。

（2）打开【幻灯片放映】选项卡，在【设置】选项组中单击【录制幻灯片演示】按钮，从弹出的菜单中选择【从头开始录制】命令，打开【录制幻灯片演示】对话框，保持默认设置，单击【开始录制】按钮，如图 12-14 所示。

（3）进入幻灯片放映状态，同时开始录制旁白，同时在打开的【录制】对话框中显示录制时间，如图 12-15 所示。如果是第一次录音，用户可以根据需要自行调节麦克风的声音质量。

图 12-14　【录制幻灯片演示】对话框

图 12-15　开始录制旁白

（4）逐次单击或按 Enter 键切换到下一张幻灯片，如图 12-16 所示。

（5）当旁白录制完成后，按下 Esc 键或者单击即可。此时，可以将演示文稿切换到幻灯片浏览视图，查看录制的效果，如图 12-17 所示。

<table>
<tr><td>图 12-16　切换幻灯片</td><td>图 12-17　在浏览视图中显示旁白声音图标</td></tr>
</table>

（6）在快速访问工具栏中单击【保存】按钮，保存演示文稿。

12.2　开始放映幻灯片

从头开始放映是指从演示文稿的第一张幻灯片开始播放演示文稿。打开【幻灯片放映】选项卡，在【开始放映幻灯片】组中单击【从头开始】按钮，或者直接按 F5 键，开始放映演示文稿，此时进入全屏模式的幻灯片放映视图，如图 12-18 所示。

图 12-18　从头开始放映

12.2.1　从当前幻灯片开始放映

当用户需要从指定的某张幻灯片开始放映，则可以使用【从当前幻灯片开始】功能。选择指定的幻灯片，打开【幻灯片放映】选项卡，在【开始放映幻灯片】组中单击【从当前幻灯片开始】按钮，此时进入幻灯片放映视图，幻灯片以全屏幕方式从当前幻灯片开始放映，如图 12-19 所示。

图 12-19　从当前幻灯片开始放映

12.2.2　联机演示幻灯片

　　PowerPoint 2013 中的"联机演示"的功能，可以让互联网上的朋友也能看到用户正在演示的幻灯片，整个过程只需要有网络即可。在一些大型的公司企业，这个功能十分好用。

　　【例 12-4】联机演示【绿色栽培】演示文稿。

　　(1) 启动 PowerPoint 2013 应用程序，打开排练计时后的【绿色栽培】演示文稿。

　　(2) 打开【幻灯片放映】选项卡，在【开始放映幻灯片】组中单击【联机演示】按钮，打开【联机演示】对话框，单击【连接】按钮，如图 12-20 所示。

　　(3) 此时，开始准备联机演示文稿，在对话框中将显示进度，如图 12-21 所示。

图 12-20　【联机演示】对话框　　　　　　图 12-21　显示联机演示文稿进度

　　(4) 在打开的对话框中复制远程查看演示文文稿的链接，然后将该链接分享给互联网上的用户，并单击【启动演示文稿】按钮，如图 12-22 所示。

(5) 此时，网络用户只需要在浏览器中输入地址，即可观看演示文稿，如图 12-23 所示。

图 12-22　获取联机演示链接

图 12-23　使用浏览器查看演示文稿

12.3　控制幻灯片的放映过程

在放映演示文稿的过程中，用户可以根据需要按放映次序依次放映、快速定位幻灯片、为重点内容做上标记、使屏幕出现黑屏或白屏和结束放映等。

12.3.1　切换与定位幻灯片

在放映幻灯片时，用户可以从当前幻灯片切换至上一张幻灯片或下一张幻灯片中，也可以直接从当前幻灯片跳转到另一张幻灯片。

以全屏幕方式进入幻灯片放映视图，在幻灯片中右击，从弹出的如图 12-24 所示的快捷菜单中选择【上一张】命令或【下一张】命令，快速切换幻灯片；在幻灯片中右击，从弹出的快捷菜单中选择【查看所有幻灯片】命令，将显示如图 12-25 所示的幻灯片列表框，在该列表中单击幻灯片缩略图可以立即定位到相应的幻灯片。

图 12-24　通过右键菜单切换幻灯片

图 12-25　幻灯片放映列表

另外，在屏幕左下角出现的控制区域中单击【下一张】按钮，切换到下一张幻灯片中；单击【下一张】按钮，切换至上一张幻灯片中。

提示

当幻灯片中设置了动画，选择【上一张】或【下一张】命令，或者单击【上一张】或【下一张】按钮，就不是一张张放映幻灯片，而是逐项地放映动画。若要暂停放映幻灯片，在如图 12-23 所示的右键菜单中选择【暂停】命令即可。

12.3.2 设置重点内容标记

使用 PowerPoint 2013 提供的绘图笔可以为重点内容做上标记。绘图笔的作用类似于板书笔，常用于强调或添加注释。用户可以选择绘图笔的形状和颜色，也可以随时擦除绘制的笔迹。

【例 12-5】放映【绿色栽培】演示文稿，使用绘图笔标注重点。

(1) 启动 PowerPoint 2013 应用程序，打开排练计时后的【绿色栽培】演示文稿。

(2) 打开【幻灯片放映】选项卡，在【开始放映幻灯片】组中单击【从头开始】按钮，放映演示文稿。

(3) 在屏幕中右击，在弹出的快捷菜单中选择【指针选项】|【荧光笔】命令，将鼠标指针设置为荧光笔样式，如图 12-26 所示。

(4) 选择【指针选项】|【墨迹颜色】命令，在打开的子菜单中选择【红色】选项，如图 12-27 所示。

图 12-26 选择使用荧光笔

图 12-27 设置荧光笔墨迹颜色

(5) 此时，拖动鼠标在放映界面中的形状上绘制墨迹，如图 12-28 所示。

(6) 当幻灯片播放完毕后，单击以退出放映状态时，系统将弹出对话框询问用户是否保留在放映时所做的墨迹注释，如图 12-29 所示。

(7) 单击【保留】按钮，将绘制的注释图形保留在幻灯片中，在幻灯片浏览视图中即可查看保留的墨迹。

图 12-28　绘制墨迹　　　　　　　　　　　图 12-29　提示是否保留墨迹注释

(8) 在快速访问工具栏中单击【保存】按钮日，保存演示文稿。

⑫.3.3　使用激光笔

在幻灯片放映视图中，可以将鼠标指针变为激光笔样式，以将观看者的注意力吸引到幻灯片上的某个重点内容或特别要强调的内容位置。

将演示文稿切换至幻灯片放映视图状态下，在按住 Ctrl 键的同时单击，此时鼠标指针变成激光笔样式，移动鼠标指针，将其指向观众需要注意的内容上，如图 10-30 所示

激光笔默认颜色为红色，可以更改其颜色，打开【设置放映方式】对话框，在【激光笔颜色】下拉列表框中选择颜色即可，如图 12-31 所示。

图 12-30　使用激光笔　　　　　　　　　　图 12-31　设置激光笔颜色

⑫.3.4　使用黑屏或白屏

在幻灯片放映的过程中，有时为了隐藏幻灯片内容，可以将幻灯片进行黑屏或白屏显示。具体方法为：在弹出的如图 12-32 所示的右键菜单中选择【屏幕】|【黑屏】命令或【屏幕】|【白屏】

命令即可。

图 12-32 使用【屏幕】子菜单切换白屏

提示

除了选择右键菜单命令外，还可以直接使用快捷键。按下 B 键，将出现黑屏，按下 W 键将出现白屏。另外，在幻灯片放映视图模式中，按 F1 键，打开【幻灯片放映帮助】对话框，在其中可以查看各种快捷键的功能。

12.4 审阅演示文稿

PowerPoint 提供了多种实用的工具——审阅功能，允许对演示文稿进行校验和翻译，甚至允许多个用户对演示文稿的内容进行编辑并标记编辑历史等。

12.4.1 校验演示文稿

校验演示文稿功能的作用是校验演示文稿中使用的文本内容是否符合语法。它可以将演示文稿中的词汇与 PowerPoint 自带的词汇进行比较，查找出使用错误的词。

【例 12-6】校验制作的【绿色栽培】演示文稿。

(1) 启动 PowerPoint 2013 应用程序，打开【绿色栽培】的演示文稿，在第 1 张幻灯片中输入文本，如图 12-33 所示。

(2) 打开【审阅】选项卡，在【校对】组中单击【拼写检查】按钮，如图 12-34 所示，打开【拼写检查】窗格。

图 12-33 输入文本

图 12-34 【校对】选项组

(3) 在【拼写检查】窗格中显示不符合词典的单词，同时为用户提供更改的建议，显示在窗格中的列表框内，如图 12-35 所示。

(4) 在【拼写检查】窗格中单击【更改】按钮，将自动打开 Microsoft PowerPoint 提示框，提示用户拼写检查结束，单击【确定】按钮即可，如图 12-36 所示

图 12-35　【拼写检查】窗格

图 12-36　拼写检查结束提示框

(5) 在快速访问工具栏中单击【保存】按钮 📁 ，保存演示文稿。

知识点

在【拼写检查】窗格中，单击【全部忽略】按钮，将忽略该词汇在演示文稿中的每一次出现的报错；单击【更改】按钮，对出现的错误进程更改；单击【全部更改】按钮，应用对该词汇的所有更改；单击【添加】按钮，将该词汇添加到 PowerPoint 的词汇中。

⑫.4.2　翻译内容

Office 系统软件可以直接调用微软翻译网站的翻译引擎，将演示文稿中的英文翻译为中文等语言。

【例 12-7】在【绿色栽培】演示文稿中，翻译幻灯片中的英文内容。

(1) 启动 PowerPoint 2013 应用程序，打开【绿色栽培】演示文稿选中需要翻译的内容，如图 12-37 所示。

(2) 打开【审阅】选项卡，在【语言】组中单击【翻译】下拉按钮，从弹出的下拉列表中选择【翻译所选文字】命令，如图 12-38 所示。

(3) 打开【信息检索】窗格，此时 PowerPoint 2013 会自动通过互联网的翻译引擎翻译选中的英文，并显示翻译结果，如图 12-39 所示。

(4) 单击【翻译选项】按钮，打开【翻译选项】对话框，在该对话框中可以设置 PowerPoint 中使用的联机词典，如图 12-40 所示。

图 12-37　选中需要翻译的文本

图 12-38　【翻译】下拉列表

图 12-39　【信息检索】窗格

图 12-40　【翻译选项】对话框

⑫.4.3　创建批注

在用户制作完演示文稿后，还可以将演示文稿提供给其他用户，让其他用户参与到演示文稿的修改中，添加对演示文稿的修改意见。这时就需要其他用户使用 PowerPoint 的批注功能对演示文稿进行修改和审阅。

【例 12-8】在【绿色栽培】演示文稿中创建批注。

(1) 启动 PowerPoint 2013 应用程序，打开【绿色栽培】演示文稿。

(2) 在幻灯片预览窗格中选择第 2 张幻灯片缩略图，将其显示在幻灯片编辑窗口中，如图 12-41 所示。

(3) 打开【审阅】选项卡，在【批注】组中单击【新建批注】按钮，如图 12-42 所示。

图 12-41 选中第 2 张幻灯片

图 12-42 【批注】选项组

(4) 此时将打开【批注】窗格，在其中输入批注文本，如图 12-43 所示。

(5) 当鼠标指针移动到左上角的批注标签上，自动弹出【批注】窗格，显示批注信息，如图 12-44 所示。

图 12-43 输入批注内容

图 12-44 显示批注信息

(6) 使用同样的方法，为其他幻灯片添加批注，如图 12-45 所示。

图 12-45 为其他幻灯片添加批注

(7) 选中批注标签，打开【审阅】选项卡，在【批注】组中单击【删除】下拉按钮，从弹出的下拉菜单中选择【删除】命令，可以删除选中的批注；选择【删除此幻灯片中的所有批注和墨迹】命令，可以删除选中批注所在的幻灯片中的所有批注，如图 12-46 所示。

(8) 在【删除】下拉列表中选择【删除此演示文稿中的所有批注和墨迹】命令，然后在打开的提示对话框中单击【确定】按钮，可以删除整个演示文稿中的所有批注，如图 12-47 所示。

图 12-46 【删除】下拉列表

图 12-47 提示对话框

(9) 在快速访问工具栏中单击【保存】按钮，保存演示文稿。

12.5 上机练习

本章的上机实验主要练习放映【人力资源概述】演示文稿综合实例操作，使用户更好地掌握放映幻灯片、控制幻灯片的放映过程、审阅演示文稿等基本操作方法和技巧。

(1) 启动 PowerPoint 2013 应用程序，打开【人力资源概述】演示文稿，如图 12-48 所示。

(2) 打开【幻灯片放映】选项卡，在【设置】组中单击【排练计时】按钮，如图 12-49 所示。

图 12-48 【人力资源概述】演示文稿

图 12-49 【设置】组

(3) 此时，【人力资源概述】演示文稿将自动切换到幻灯片放映状态，开始进行排列计时，效果如图 12-50 所示。

(4) 不断单击进行幻灯片的放映，此时【录制】对话框中的数据会不断更新，当最后一张幻灯片放映完毕后，将打开 Microsoft PowerPoint 对话框，如图 12-51 所示。

图 12-50　幻灯片放映状态

图 12-51　Microsoft PowerPoint 对话框

(5) 切换到幻灯片浏览视图，从幻灯片浏览视图中可以看到每张幻灯片下方均显示各自的排练时间，如图 12-52 所示。

(6) 打开【幻灯片放映】选项卡，在【开始放映幻灯片】组中单击【从头开始】按钮，放映演示文稿，如图 12-53 所示。

图 12-52　幻灯片浏览视图

图 12-53　【幻灯片放映】选项卡

(7) 当放映到第 2 张幻灯片时，右击空白处，从弹出的快捷菜单中选择【指针选项】|【笔】命令，如图 12-54 所示。

(8) 再次右击，从弹出的快捷菜单中选择【指针选项】|【墨迹颜色】命令，然后从弹出的颜色面板中选择【蓝色】色块，如图 12-55 所示。

图 12-54　使用笔

图 12-55　设置指针颜色

(9) 此时，拖动在放映界面中的形状上绘制墨迹，如图 12-56 所示。

(10) 使用同样的方法，在第 3 张幻灯片放映页面中绘制墨迹，如图 12-57 所示。

图 12-56　在第 2 张幻灯片绘制墨迹　　　　图 12-57　在第 3 张幻灯片绘制墨迹

(11) 当幻灯片播放完毕后，单击以退出放映状态时，系统将弹出对话框询问用户是否保留在放映时所做的墨迹注释，如图 12-58 所示。

(12) 单击【保留】按钮，将绘制的注释图形保留在幻灯片中，在幻灯片浏览视图中即可查看保留的墨迹，如图 12-59 所示。

图 12-58　提示是否保留墨迹　　　　　图 12-59　在幻灯片浏览视图查看墨迹

12.6　习题

1. 如何对演示文稿进行排练计时？

2. 简述自定义放映的方法。

3. 如何在幻灯片放映过程中切换和定位幻灯片？

4. 如何翻译演示文稿中的英文文本？

演示文稿的打印与输出

学习目标

PowerPoint 提供了多种保存、输出演示文稿的方法，用户可以将制作出来的演示文稿输出为多种形式，以满足在不同环境下的需要。本章主要介绍介绍打印演示文稿、打包演示文稿，发布幻灯片、创建 PDF/XPS 文档与讲义、创建视频，将演示文稿输出为图形文件、幻灯片放映及 RTF 大纲文件和保护演示文稿。

本章重点

- ◉ 设置幻灯片打印页面
- ◉ 演示文稿打印预览
- ◉ 选择文件输出形式
- ◉ 打包演示文稿
- ◉ 发布演示文稿

13.1 打印演示文稿

在 PowerPoint 2013 中，制作好的演示文稿不仅可以进行现场演示，还可以将其通过打印机打印出来，分发给观众作为演讲提示。

13.1.1 设置页面

在打印演示文稿前，可以根据自己的需要对打印页面进行设置，使打印的形式和效果更符合实际需要。

在 PowerPoint 2013 中，打开【设计】选项卡，在【自定义】组中单击【幻灯片大小】按钮，在弹出的下拉列表中选中【自定义幻灯片大小】选项，打开【幻灯片大小】对话框，如图 13-1 所示。在该对话框中，用户可以对幻灯片的大小、编号和方向进行设置。

图 13-1　打开【幻灯片大小】对话框

【幻灯片大小】对话框中各选项的功能说明如下。

◉　【幻灯片大小】下拉列表框：该下拉列表框用来设置幻灯片的大小。

◉　【宽度】和【高度】文本框：用来设置打印区域的尺寸，单位为厘米。

◉　【幻灯片编号起始值】文本框：用来设置当前打印的幻灯片的起始编号。

◉　【方向】选项区域：可以分别设置幻灯片与备注、讲义和大纲的打印方向，在此处设置
　　的打印方向对整个演示文稿中的所有幻灯片及备注、讲义和大纲均有效。

【例 13-1】在 PowerPoint 2013 中设置幻灯片的大小

(1) 启动 PowerPoint 2013 应用程序，打开【绿色栽培】演示文稿，如图 13-2 所示。

(2) 打开【设计】选项卡，在【自定义】组中单击【幻灯片大小】按钮，在弹出的下拉列表
中选中【自定义幻灯片大小】选项，打开【幻灯片大小】对话框。

(3) 在【幻灯片大小】对话框中单击【幻灯片大小】下拉列表按钮，在弹出的下拉列表中选
中【自定义】选项，在【宽度】和【高度】文本框中输入【30 厘米】，然后单击【确定】按钮，
如图 13-3 所示。

图 13-2　【绿色栽培】演示文稿　　　　　图 13-3　【幻灯片大小】对话框

(4) 在打开的提示对话框中，单击【确保合适】按钮，如图 13-4 所示。

(5) 此时，PowerPoint 将调整演示文稿中幻灯片的宽度与高度，其效果如图 13-5 所示。

图 13-4　提示对话框

图 13-5　幻灯片大小调整效果

(6) 在快速访问工具栏中单击【保存】按钮■，保存演示文稿。

13.1.2　预览并打印

在实际打印之前，用户可以使用打印预览功能先预览演示文稿的打印效果。预览效果满意后，可以连接打印机开始打印演示文稿。单击【文件】按钮，从弹出的菜单中选择【打印】命令，打开 Microsoft Office Backstage 视图，如图 13-6 所示，在右侧的窗格中预览演示文稿效果，在中间的【打印】窗格中进行相关的打印设置。

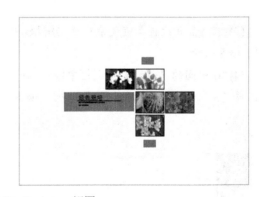

图 13-6　Microsoft Office Backstage 视图

【打印】窗格中各选项的主要作用如下。

- ◉ 【打印机】下拉列表框：自动调用系统默认的打印机，当用户的计算机上装有多个打印机时，可以根据需要选择打印机或设置打印机的属性。
- ◉ 【打印全部幻灯片】下拉列表框：用来设置打印范围，系统默认打印当前演示文稿中的所有内容，用户可以选择打印当前幻灯片或在其下的【幻灯片】文本框中输入需要打印的幻灯片编号。
- ◉ 【整页幻灯片】下拉列表框：用来设置打印的板式、边框和大小等参数。

计算机 基础与实训教材系列

- ◉ 【单面打印】下拉列表框：用来设置单面或双面打印。
- ◉ 【调整】下拉列表框：用来设置打印排列顺序。
- ◉ 【灰度】下拉列表框：用来设置幻灯片打印时的颜色。
- ◉ 【份数】微调框：用来设置打印的份数。

【例 13-2】预览并打印【绿色栽培】演示文稿。

(1) 继续【例 13-1】的操作，单击【文件】按钮，从弹出的菜单中选择【打印】命令，打开 Microsoft Office Backstage 视图。

(2) 在最右侧的窗格中可以查看幻灯片的打印效果，单击预览页中的【下一页】按钮▶，查看各张幻灯片的效果，如图 13-7 所示。

图 13-7　在打印预览窗格查看幻灯片

(3) 在【显示比例】进度条中拖动滑块，将幻灯片的显示比例设置为 60%，查看其中的内容，如图 13-8 所示。

(4) 在中间的【份数】微调框中输入 10；单击【整页幻灯片】下拉按钮，在弹出的下拉列表框选择【6 张水平放置的幻灯片】选项，如图 13-9 所示。

图 13-8　设置预览显示比例　　　　图 13-9　设置打印 6 张水平放置的幻灯片

(5) 单击【灰度】下拉列表按钮，在弹出的下拉列表中选择【颜色】选项，如图 13-10 所示。

(6) 在中间窗格的【打印机】下拉列表中选择正确的打印机，如图 13-11 所示。

图 13-10　设置打印颜色

图 13-11　选择打印机

(7) 完成以上设置后，单击软件界面左上角的【打印】按钮，即可开始打印幻灯片。

13.2　打包演示文稿

使用 PowerPoint 2013 提供的【打包成 CD】功能，在有刻录光驱的计算机上可以方便地将制作的演示文稿及其链接的各种媒体文件一次性打包到 CD 上，轻松实现将演示文稿分发或转移到其他计算机上进行演示。

【例 13-3】将创建完成的【绿色栽培】演示文稿打包为 CD。

(1) 启动 PowerPoint 2013 应用程序，打开【绿色栽培】演示文稿。

(2) 单击【文件】按钮，在弹出的菜单中选择【导出】命令，在中间窗格中选择【将演示文稿打包成 CD】选项，并在右侧的窗格中单击【打包成 CD】按钮，如图 13-12 所示。

(3) 打开【打包成 CD】对话框，在【将 CD 命名为】文本框中输入"绿色栽培 CD"，单击【添加】按钮，如图 13-13 所示。

图 13-12　【导出】窗格

图 13-13　【打包成 CD】对话框

(4) 在打开的【添加文件】对话框中选择【资料演示】文件，然后单击【添加】按钮，如图 13-14 所示。

(5) 返回至【打包成 CD】对话框，可以看到新添加的幻灯片，单击【选项】按钮，如图 13-15 所示。

图 13-14　【添加文件】对话框

图 13-15　显示添加的演示文稿

(6) 打开【选项】对话框，保持默认设置，单击【确定】按钮，如图 13-16 所示。

(7) 返回【打包成 CD】对话框，单击【复制文件夹】按钮，打开【复制文件夹】对话框，在【位置】文本框中设置文件的保存路径，单击【确定】按钮，如图 13-17 所示。

图 13-16　【选项】对话框

图 13-17　【复制到文件夹】对话框

(8) 自动弹出如图 13-18 所示的 Microsoft PowerPoint 提示框，单击【是】按钮。

(9) 此时，系统将开始自动复制文件到文件夹，如图 13-19 所示。

图 13-18　Microsoft PowerPoint 提示框

图 13-19　PowerPoint 打包文件提示

(10) 打包完毕后，将自动打开保存的文件夹【产品展销 CD】，将显示打包后的所有文件，如图 13-20 所示。

(11) 返回至【打包成 CD】对话框，单击【关闭】按钮，关闭该对话框们如同 13-21 所示。

图 13-20　打包后生成的文件　　　　　　　　图 13-21　关闭【打包成 CD】对话框

知识点

　　如果所使用的计算机上没有安装 PowerPoint 2013 软件，仍然需要查看幻灯片，这时就需要对打包的文件夹进行解包，才可以打开幻灯片文档，并播放幻灯片。双击 PresentationPackage 文件夹中的 PresentationPackage.html 网页，可以查看打包后光盘自动播放的网页效果。

计算机　基础与实训教材系列

13.3　发布幻灯片

　　发布演示文稿是指将 PowerPoint 2013 制作的幻灯片存储到幻灯片库中，以达到共享和调用各个幻灯片的目的。

　　【例 13-4】发布【绿色栽培】演示文稿。

　　(1) 打开【绿色栽培】演示文稿，单击【文件】按钮，在弹出的菜单中选择【共享】命令，在中间窗格的【共享】选项区域中选择【发布幻灯片】选项，并在右侧的【发布幻灯片】窗格中单击【发布幻灯片】按钮，如图 13-22 所示。

　　(2) 打开【发布幻灯片】对话框，在中间的列表框中选中需要发布到幻灯片库中的幻灯片缩略图前的复选框，然后单击【浏览】按钮，如图 13-23 所示。

图 13-22　【共享】选项区域　　　　　　　　图 13-23　【发布幻灯片】对话框

(3) 在打开的【选择幻灯片库】对话框中指定一个文件夹位置后，单击【选择】按钮，返回【发布幻灯片】对话框，并单击【发布】按钮，如图 13-24 所示。

图 13-24　设置发布路径

(4) 此时，即可在发布到的幻灯片库位置处查看发布后的幻灯片，效果如图 13-25 所示。

图 13-25　幻灯片发布效果

⑬.4　创建 PDF/XPS 文档与讲义

使用 PowerPoint 的【保存并发送】功能，用户可以将演示文稿转换为可移植文档格式，也可以将演示文稿内容粘贴到 Word 文档中制作演示讲义。

⑬.4.1　创建 PDF/XPS 文档

在 PowerPoint 2013 中，用户可以方便地将制作好的演示文稿转换为 PDF/XPS 文档。

【例 13-5】将【绿色栽培】演示文稿发布为 PDF 文档。

(1) 启动 PowerPoint 2013 应用程序，打开【绿色栽培】演示文稿。

(2) 单击【文件】按钮，在弹出的菜单中选择【导出】命令，在中间窗格的【导出】选项区域中选择【创建 PDF/XPS 文档】选项，并在右侧的【创建 PDF/XPS 文档】窗格中单击【创建 PDF/XPS】按钮，如图 13-26 所示。

(3) 打开【发布为 PDF 或 XPS】对话框，设置保存文档的路径，单击【选项】按钮，如图 13-27 所示。

图 13-26　【创建 PDF/XPS 文档】选项区域

图 13-27　【发布为 PDF 或 XPS】对话框

(4) 打开【选项】对话框，如图 13-28 所示。在【发布选项】选项区域中选中【幻灯片加框】复选框，保持其他默认设置，单击【确定】按钮。

(5) 返回至【发布为 PDF 或 XPS】对话框，在【保存类型】下拉列表框中选择 PDF 选项，单击【发布】按钮。

(6) 此时，自动弹出如图 13-29 所示的【正在发布】对话框，在其中显示发布进度。

图 13-28　【选项】对话框

图 13-29　【正在发布】对话框

(7) 发布完成后，自动启动 Adobe Reader X 应用程序，并打开发布成 PDF 格式的文档，如图

13-30 所示。

图 13-30　PDF 格式的文档效果

13.4.2　创建讲义

讲义是辅助演讲者进行讲演、提示演讲内容的文稿。在 PowerPoint 2013 中，用户可以将制作好的演示文稿中的幻灯片粘贴到 Word 文档中。

【**例 13-6**】将【绿色栽培】演示文稿制作成 Word 讲义。

(1) 启动 PowerPoint 2013 应用程序，打开【绿色栽培】演示文稿。

(2) 单击【文件】按钮，在弹出的菜单中选择【导出】命令，在中间窗格的【导出】选项区域中选择【创建讲义】选项，并在右侧的窗格中单击【创建讲义】按钮，如图 13-31 所示。

(3) 打开【发送到 Microsoft Word】对话框，保持选中【备注在幻灯片旁】和【粘贴】单选按钮，单击【确定】按钮，如图 13-32 所示。

计算机基础与实训教材系列

图 13-31　创建讲义

图 13-32　【发送到 Microsoft Word】对话框

(4) 此时，自动启动 Microsoft Word 应用程序，生成表格形式的 Word 文档，在其中查看阅读讲义内容，如图 13-33 所示。

图 13-33　在 Word 中查看阅读讲义内容

【发送到 Microsoft Word】对话框提供以下几种属性设置：

- ◉ 【备注在幻灯片旁】是指在幻灯片旁显示备注；
- ◉ 【空行在幻灯片旁】是指在幻灯片旁留空，如图 13-34 所示；
- ◉ 【备注在幻灯片下】是指在幻灯片下方显示备注，如图 13-35 所示；

图 13-34　空行在幻灯片旁　　　　　　　　　　图 13-35　备注在幻灯片下

- ◉ 【空行在幻灯片下】是指在幻灯片下方留空；
- ◉ 【只使用大纲】是指只为讲义添加大纲。

⑬.5　创建视频

PowerPoint 2013 还可以将演示文稿转换为视频内容，以供用户通过视频播放器播放该视频文件，实现与其他用户共享该视频。

计算机　基础与实训教材系列

【例13-7】将【绿色栽培】演示文稿创建为视频。

(1) 启动 PowerPoint 2013 应用程序，打开【绿色栽培】演示文稿。

(2) 单击【文件】按钮，在弹出的菜单中选择【导出】命令，在中间窗格的【导出】选项区域中选择【创建视频】选项，并在右侧窗格的【创建视频】选项区域中设置显示选项和放映时间，单击【创建视频】按钮，如图13-36所示。

(3) 打开【另存为】对话框，设置视频文件的名称和保存路径，单击【保存】按钮，如图13-37所示。

图13-36　【创建视频】选项区域

图13-37　【另存为】对话框

(4) 此时，PowerPoint 2013 窗口任务栏中将显示制作视频的进度，如图13-38所示。

(5) 制作完毕后，打开视频存放路径，双击视频文件，即可使用计算机中的视频播放器来播放该视频，如图13-39所示。

图13-38　在状态栏中显示制作视频的进度

图13-39　播放视频

 知识点

在 PowerPoint 演示文稿中打开【另存为】对话框，在【保存类型】中选择【Windows Media 视频】选项，单击【保存】按钮，同样可以执行输出视频操作。

13.6 输出为其他格式

演示文稿制作完成后，还可以将它们转换为其他格式的文件，如图形文件、幻灯片放映以及 RTF 大纲文件等，以满足用户多用途的需求。

13.6.1 输出为图形文件

PowerPoint 支持将演示文稿中的幻灯片输出为 GIF、JPG、PNG、TIFF、BMP、WMF 及 EMF 等格式的图形文件。这有利于用户在更大范围内交换或共享演示文稿中的内容。

在 PowerPoint 2013 中，不仅可以将整个演示文稿中的幻灯片输出为图形文件，还可以将当前幻灯片输出为图片文件。

【例 13-8】将【绿色栽培】演示文稿输出为 JPEG 格式的图形文件。

(1) 启动 PowerPoint 2013 应用程序，打开【旅游宣传】演示文稿。

(2) 单击【文件】按钮，从弹出的菜单中选择【导出】命令，在中间窗格的【导出】选项区域中选择【更改文件类型】选项，并在右侧【更改文件类型】窗格的【图片文件类型】选项区域中选择【JPEG 文件交换格式】选项，单击【另存为】按钮，如图 13-40 所示。

(3) 在打开的【另存为】对话框中设置图形文件的存放路径，然后单击【保存】按钮，如图 13-41 所示。

图 13-40 执行 JPEG 文件交换格式操作

图 13-41 设置图片的保存路径

(4) 此时，软件会弹出提示对话框，供用户选择输出为图片文件的幻灯片范围，单击【所有幻灯片】按钮，如图 13-42 所示。

(5) 完成将演示文稿输出为图形文件，并弹出如图 13-43 所示的提示框，提示用户每张幻灯片都以独立的方式保存到文件夹中，单击【确定】按钮。

(6) 在路径中双击打开保存的文件夹，此时 4 张幻灯片以图形格式显示在文件夹中，如图 13-44 所示。

(7) 双击某张图片，即可打开该图片，查看其内容，如图 13-45 所示。

图 13-42　选择导出方式

图 13-43　转换完成提示框

图 13-44　显示输出后的图片

图 13-45　查看某张图片文件

知识点

在 PowerPoint 演示文稿中，单击【文件】按钮，从弹出的【文件】菜单中选择【另存为】命令，打开【另存为】对话框。在【保存类型】列表中选择【JPEG 文件交换格式】选项，单击【保存】按钮，同样可以执行输出图片文件操作。

⑬.6.2　输出为幻灯片放映

在 PowerPoint 中经常用到的输出格式还有幻灯片放映。幻灯片放映是将演示文稿保存为总是以幻灯片放映的形式打开演示文稿，每次打开该类型文件，PowerPoint 会自动切换到幻灯片放映状态，而不会出现 PowerPoint 编辑窗口。

【例 13-9】将【绿色栽培】演示文稿输出为幻灯片放映。

(1) 启动 PowerPoint 2013 应用程序，打开【绿色栽培】演示文稿。

(2) 单击【文件】按钮，从弹出的菜单中选择【导出】命令，在中间窗格的【导出】选项区域中选择【更改文件类型】选项，并在右侧【更改文件类型】窗格的【演示文稿文件类型】选项区域中选择【PowerPoint 放映】选项，单击【另存为】按钮，如图 13-46 所示。

(3) 打开【另存为】对话框，设置文件的保存路径，单击【保存】按钮，如图 13-47 所示。

图 13-46　选择 PowerPoint 放映

图 13-47　选择放映文件的保存路径

(4) 此时，即可将幻灯片输出为放映文件。在路径中双击该放映文件，可直接进入放映屏幕，放映文件，如图 13-48 所示。

图 13-48　使用放映文件

13.6.3　输出为大纲文件

PowerPoint 输出的大纲文件是按照演示文稿中的幻灯片标题及段落级别生成的标准 RTF 文件，可以被其他如 Word 等文字处理软件打开或编辑，方便用户打开文件，查看演示文稿中的文本内容。

【例 13-10】将【绿色栽培】演示文稿输出为大纲文件。

(1) 启动 PowerPoint 2013 应用程序，打开【绿色栽培】演示文稿，单击【文件】按钮，从弹出的菜单中选择【另存为】命令，如图 13-49 所示。

(2) 打开【另存为】对话框，设置文件的保存路径，在【保存类型】下拉列表中选择【大纲

/RTF 文件】选项，单击【保存】按钮，如图 13-50 所示。

图 13-49 【另存为】选项区域

图 13-50 【另存为】对话框

(3) 此时，即可将幻灯片中的文本输出为大纲/RTF 文件，双击该文件，即可启动 Word 应用
程序，并打开该兼容性文件，该文件属于 Word 文件格式。

13.7 保护演示文稿

为了更好地保护演示文稿，可以对演示文稿进行加密保存，从而防止其他用户在未授权的情
况下打开或修改演示文稿，以此加强文档的安全性。

【例 13-11】为【绿色栽培】演示文稿设置权限密码。

(1) 启动 PowerPoint 2013 应用程序，打开审阅过的【绿色栽培】演示文稿。

(2) 单击【文件】按钮，从弹出的【文件】菜单中选择【信息】命令，然后在中间的信息窗
格中的【权限】区域中单击【保护演示文稿】下拉按钮，从弹出的下拉菜单中选择【用密码进行
加密】命令，如图 13-51 所示。

(3) 打开【加密文档】对话框，在【密码】列表框中输入密码(这里为 123456)，单击【确定】
按钮，如图 13-52 所示。

图 13-51 设置演示文稿的权限

图 13-52 【加密文档】对话框

(4) 打开【确认密码】对话框，在【重新输入密码】文本框中输入密码，单击【确定】按钮，如图 13-53 所示。

(5) 返回至演示文稿界面，在信息窗格中显示"打开此演示文稿时需要密码"权限信息，如图 13-54 所示。

图 13-53 【确认密码】对话框

图 13-54 显示设置的权限信息

(6) 关闭演示文稿，当再次打开演示文稿时，自动打开如图 13-55 所示的提示框，输入正确的密码才能打开该演示文稿。

(7) 打开【另存为】对话框，单击【工具】按钮，从弹出的菜单中选择【常规选项】命令，如图 13-56 所示，打开【常规选项】对话框。在该对话框中同样可以设置打开和修改密码。

图 13-55 启动密码提示框

图 13-56 打开【常规选项】对话框

⑬.8 上机练习

本章的上机练习主要练习将演示文稿保存到 Web 和将演示文稿转换为 XPS 文档，使用户更好地掌握输出与转换演示文稿的操作方法。

⑬.8.1 将演示文稿共享到 Web

本次上机练习主要练习将【工作展望】演示文稿保存到 Web，方便用户可以从任何一台计算机访问该演示文稿或与其他人共享此演示文稿。

(1) 启动 PowerPoint 2013 应用程序，打开【工作展望】演示文稿，如图 13-57 所示。

(2) 单击【文件】按钮，在弹出的菜单中选择【另存为】命令，在中间窗格的【另存为】选项区域中选中【OneDrive-个人】选项，并在右侧窗格中单击【浏览】按钮，如图 13-58 所示。

图 13-57　【工作展望】演示文稿　　　　　　图 13-58　【另存为】选项区域

(3) 打开【另存为】对话框，选中【公开】文件夹并单击【打开】按钮，将该文件夹打开后，单击【保存】按钮，如图 13-59 所示。

图 13-59　保存演示文稿文件

(4) 此时，PowerPoint 将自动连接服务器并上传演示文稿。

(5) 完成文件上传后，再次单击【文件】按钮，在弹出的菜单中选中【共享】命令，然后在显示的【共享】选项区域中单击【获取共享链接】选项，显示【获取共享链接】窗格，如图 13-60 所示。

(6) 在【获取共享链接】窗格中的【查看链接】文本框后单击【创建连接】按钮，将在文本框中创建如图 13-61 所示的演示文稿查看链接。

(7) 选中【查看链接】文本框中的链接，然后按下 Ctrl+C 组合键复制链接。

(8) 打开浏览器，然后在地址栏中按下 Ctrl+V 组合键粘贴的复制的链接，即可使用浏览器通过互联网查看【工作展望】演示文稿的内容，如图 13-62 所示。

图 13-60　显示【获取共享链接】窗格

图 13-61　创建查看链接

图 13-62　通过浏览器查看演示文稿

(9) 在【获取共享链接】窗格中的【编辑链接】文本框后单击【创建连接】按钮，可以创建用于编辑演示文稿的链接，使用该链接可以下载保存在服务器中的【工作展望】演示文稿，如图 13-63 所示。

图 13-63　使用编辑链接下载演示文稿

(10) 在 PowerPoint 2013 软件的【共享】选项区域中选择【电子邮件】选项，在打开的窗格中单击【发送链接】按钮，如图 13-64 所示。

(11) 此时，将启动 Outlook 软件，并在打开的邮件内容文本区域自动创建用于编辑演示文稿的超链接，如图 13-65 所示，用户只需填写收件人的电子邮件地址，然后单击【发送】按钮，即可将演示文稿编辑链接发送给互联网上的其他用户。

图 13-64　【电子邮件】窗格

图 13-65　通过邮件发送链接

(13).8.2　将演示文稿转换为 XPS 文档

本次上机练习主要练习将【工作展望】演示文稿转换为 XPS 文档。

(1) 启动 PowerPoint 2013 应用程序，打开【工作展望】演示文稿。

(2) 单击【文件】按钮，在弹出的菜单中选择【导出】命令，在中间窗格的【导出】选项区域中选择【创建 PDF/XPS 文档】选项，并在右侧的【创建 PDF/XPS 文档】窗格中单击【创建 PDF/XPS】按钮，如图 13-66 所示。

(3) 打开【发布为 PDF 或 XPS】对话框，设置保存文档的路径，在【保存类型】下拉列表中选择【XPS 文档】选项，单击【发布】按钮，如图 13-67 所示。

图 13-66　【导出】选项区域

图 13-67　【发布为 PDF 或 XPS】对话框

(4) 此时，自动弹出【正在发布】对话框，在其中显示发布进度，如图 13-68 所示。

(5) 稍等片刻，自动在浏览器中显示发布后的 XPS 文档，双击该文档即可显示如图 13-69 所示的文档效果。

图 13-68　显示发布 XPS 文档的进度

图 13-69　打开发布后的 XPS 文档

⑬.8.3　设置并打印演示文稿

本次上机练习主要练习在 PowerPoint 2013 中设置与打印【工作展望】演示文稿。

(1) 启动 PowerPoint 2013 应用程序，打开【工作展望】演示文稿。

(2) 打开【设计】选项卡，在【自定义】选项组中单击【幻灯片大小】按钮，在弹出的下拉列表中选中【自定义幻灯片大小】选项，如图 13-70 所示，打开【幻灯片大小】对话框。

(3) 在【幻灯片大小】对话框中单击【幻灯片大小】下拉列表按钮，在弹出的下拉列表中选中【信纸】选项，在【幻灯片】选项区域中选中【纵向】选项，如图 13-71 所示，然后单击【确定】按钮。

图 13-70　【自定义】选项组

图 13-71　【幻灯片大小】对话框

(4) 在打开的提示对话框中，单击【确保合适】按钮，如图 13-72 所示。

(5) 此时，PowerPoint 将调整演示文稿中幻灯片的宽度与高度，其效果如图 13-73 所示。

图 13-72　提示对话框

图 13-73　幻灯片尺寸效果

(6) 单击【文件】按钮，从弹出的菜单中选择【打印】命令，打开 Microsoft Office Backstage 视图，如图 13-74 所示。

(7) 在最右侧的窗格中可以查看幻灯片的打印效果，单击预览页中的【下一页】按钮，查看各张幻灯片的效果，如图 13-75 所示。

图 13-74　Microsoft Office Backstage 视图

图 13-75　查看幻灯片效果

(8) 在【显示比例】进度条中拖动滑块，将幻灯片的显示比例设置为 50%，查看其中的内容，如图 13-76 所示。

(9) 在中间的【份数】微调框中输入2；单击【整页幻灯片】下拉按钮，在弹出的下拉列表框选择【4张水平放置的幻灯片】选项，如图13-77所示。

图 13-76　设置预览显示比例

图 13-77　设置打印 4 张水平放置的幻灯片

(10) 单击【灰度】下拉列表按钮，在弹出的下拉列表中选择【颜色】选项，如图 13-78 所示。

(11) 在中间窗格的【打印机】下拉列表中选择正确的打印机，如图 13-79 所示。

图 13-78　设置打印颜色

图 13-79　选择打印机

(12) 完成以上设置后，单击软件界面左上角的【打印】按钮开始打印幻灯片。

13.8.4　将演示文稿导出为图片演示文稿

本次上机练习将通过实例练习在 PowerPoint 中将【工作展望】演示文稿导出为图片演示文稿的方法。

(1) 启动 PowerPoint 2013 应用程序，打开【工作展望】演示文稿。

(2) 单击【文件】按钮，在打开的菜单中选中【导出】选项，显示【导出】选项区域，然后在软件窗口右侧的窗格中选中【另存为其他文件类型】选项后，单击【另存为】按钮，如图 13-80 所示。

(3) 打开【另存为】对话框，单击【保存类型】下拉列表按钮，在弹出的下拉列表中选中【PowerPoint 图片演示文稿】选项，如图 13-81 所示。

图 13-80　【导出】选项区域

图 13-81　选择打印机

(4) 单击【保存】按钮，即可将【工作展望】演示文稿保存为名为"工作展望.pptx"的图片演示文稿。

(5) 双击"工作展望.pptx"文件，将其在 PowerPoint 中显示，演示文稿中的所有内容将以图片的形式显示，如图 13-82 所示。

图 13-82　图片演示文稿

13.9　习题

1. 如何加密保存演示文稿？

2. 如何打印预览和打印演示文稿？